碳中和背景下能源技术创新与产业发展

"十四五"时期国家重点出版物出版专项规划项目

CO₂

中国能源建设集团广东省电力设计研究院有限公司
电力市场背景下可再生能源配额与碳配额机制研究课题组　编著 ◉

双碳目标下电－碳－绿证市场协同机制研究

中国水利水电出版社
www.waterpub.com.cn
·北京·

内 容 提 要

当前国内对碳排放权交易以及可再生能源配额制的研究已经较为充分，但是对碳排放权交易以及可再生能源配额制的边界与联系、双方的协同机制以及共同作用下对电力市场影响的研究仍然较为缺乏。本书从可再生能源发展机制和碳减排机制的基本理论和发展变化趋势出发，结合我国"双碳"目标下可再生能源发展和碳排放权交易市场现状，研究可再生能源配额制以及碳配额制对整个电力行业的影响，主要包括电源结构、发电成本、交易策略和电力价格变化情况等内容，通过可计算一般均衡模型和系统动力学模型，探究了电力交易、可再生能源配额交易（包括绿证交易以及超额消纳量的交易）以及碳排放权交易三种交易的协同机制，最后探讨促进我国"双碳"目标落实的市场机制建议。

本书可供对国家能源低碳转型发展战略和电-碳市场改革政策感兴趣的相关师生、科研与工程技术人员学习和参考使用。

图书在版编目（CIP）数据

双碳目标下电-碳-绿证市场协同机制研究 / 中国能源建设集团广东省电力设计研究院有限公司，电力市场背景下可再生能源配额与碳配额机制研究课题组编著. --北京 ：中国水利水电出版社，2023.9
ISBN 978-7-5226-1855-5

Ⅰ. ①双… Ⅱ. ①中… ②电… Ⅲ. ①二氧化碳—排污交易—研究—中国 Ⅳ. ①X511

中国国家版本馆CIP数据核字(2023)第198109号

书　　名	双碳目标下电-碳-绿证市场协同机制研究 SHUANGTAN MUBIAO XIA DIAN - TAN - LÜZHENG SHICHANG XIETONG JIZHI YANJIU
作　　者	中国能源建设集团广东省电力设计研究院有限公司 电力市场背景下可再生能源配额与碳配额机制研究课题组　编著
出版发行	中国水利水电出版社 （北京市海淀区玉渊潭南路 1 号 D 座　100038） 网址：www.waterpub.com.cn E - mail：sales@mwr.gov.cn 电话：(010) 68545888（营销中心）
经　　售	北京科水图书销售有限公司 电话：(010) 68545874、63202643 全国各地新华书店和相关出版物销售网点
排　　版	中国水利水电出版社微机排版中心
印　　刷	天津嘉恒印务有限公司
规　　格	184mm×260mm　16 开本　9 印张　219 千字
版　　次	2023 年 9 月第 1 版　2023 年 9 月第 1 次印刷
印　　数	0001—2000 册
定　　价	**98.00 元**

编 委 会

编 写 组

自 2020 年起，我国陆续提出"双碳"目标，并制定了构建新型电力系统的宏伟战略。在"双碳"目标下，低碳化、清洁化是我国电力行业未来发展的方向，市场配置是能源资源配置和气候治理的有效手段。目前我国正加速碳排放权交易市场和绿证交易市场的建设，推动多主体在多市场交易机制下合理制订减排计划，引导减排技术创新，实现我国产业结构的优化升级。可再生能源发展政策和碳排放权交易政策对未来电力市场各交易主体（包括发电企业、电力用户企业、电网企业）具有重要影响。其中，碳市场、电力市场、绿证市场之间的耦合关系，可再生能源配额制与碳配额制对电力市场的影响机理等一系列关键问题亟须开展研究。

本书首先针对国内外可再生能源配额制和碳市场情况开展研究，总结并提炼可再生能源配额制和碳市场建设中涉及的关键性问题；其次从宏观和微观层面分别建立考虑绿证交易、碳排放权交易和电力交易协同的一般均衡模型和系统动力学模型，基于可计算一般均衡模型从宏观经济学的角度分析了不同碳排放目标对宏观经济、产业结构、能源结构的影响，通过系统动力学模型分析了绿证市场、碳市场和电力市场的交互作用机理，并进行了市场实证分析和预测；最后基于市场理论、政策、模型研究，提出进一步完善我国可再生能源消纳责任权重和碳市场的政策建议，可为电力企业投资经营、政府部门相关政策的制定提供参考。

通过本书，读者不仅可以了解国内外可再生能源发展政策及趋势、碳减排理论基础、运行机制及发展现状，还可进一步从数学量化分析的方法中理解可再生能源配额制以及碳配额制对整个电力行业及宏观经济的影响，能帮助读者更好地把握政策工具对电力行业的影响。衷心希望本书的出版能对我国"双碳"目标的落实起到积极的推动作用。

2022 年 5 月

可再生能源配额制促进能源结构的变革，碳排放权交易制度促进能源技术与消费的变革，绿证交易与碳排放权交易都将通过市场机制的作用对电力市场产生双重影响。本书围绕可再生能源配额制与碳配额制研究关键问题，按照"现状与经验→影响与变化→协同机制与政策建议"的基本思路开展具体研究工作。

全书共7章，各章主要内容如下：第1章为绪论，对国内外研究现状进行了梳理，介绍了本书的研究背景及意义、主要研究内容、国内外研究现状、发展动态分析及主要创新点；第2章分析了可再生能源配额理论基础，介绍了典型国家（地区）可再生能源配额制和绿证市场发展现状；第3章主要介绍碳减排机制，包括碳配额理论基础、典型国家（地区）碳配额、碳市场发展现状等，并对可再生能源配额、碳配额和电力市场的关联性进行了定性分析；第4章对我国可再生能源发展和碳市场发展现状及趋势进行了论述；第5章和第6章从宏观和微观层面分别建立绿证市场、碳市场和电力市场的一般均衡模型和系统动力学模型，从经济学的角度分析可再生能源配额制、碳配额制的实施对宏观经济价格、产业结构、绿证价格和碳排放权价格等的影响趋势；第7章为总结及建议，结合国内外实践经验和政策模型的量化分析，对于未来碳市场、电力市场、绿证市场的有机融合和顶层设计提出相关参考建议。

本书旨在分析可再生能源配额与碳配额政策对我国能源结构、电力市场的影响，探究我国可再生能源配额交易、绿证交易、碳排放权交易等多种交易品种协同互济的市场发展模式与市场交易机制，满足我国能源供给与消费方式的绿色清洁转型，构建清洁低碳、安全高效的现代能源体系。本书在编写和出版过程中，得到了中国能源建设集团广东省电力设计研究院有限公司的支持，也得到了一些行业知名专家的指导和帮助，在此表示衷心感谢！

限于作者水平，书稿中难免会存在疏漏和不足之处，恳请读者谅解并批评指正！

作者

2022 年 5 月

目录

第**1**章

绪 论

1.1 研究背景及意义

1.1.1 研究背景

随着全球可持续发展理念的提出，世界各国逐步加大可再生能源建设，提高能源使用效率。美国、英国和印度等国家的能源增量部分将重点考虑可再生能源的发展。到2050年，欧盟成员国能源供应结构中，可再生能源预计将达到50％左右。中国同样面临着严峻的节能减排要求，大力发展可再生能源势在必行。2021年3月，《中华人民共和国国民经济和社会发展第十四个五年规划和2035年远景目标纲要》提出，推进能源革命，建设清洁低碳、安全高效的能源体系，提高能源供给保障能力。加快发展非化石能源，坚持集中式和分布式并举，大力提升风电、光伏发电规模，加快发展东部分布式能源，有序发展海上风电，加快西南水电基地建设，安全稳妥推动沿海核电建设，建设一批多能互补的清洁能源基地，非化石能源占能源消费总量比重提高到20％左右。从中国能源规划来看，我国正全力推动可再生能源行业的快速发展，走一条经济发展与资源环境相协调的可持续发展道路，以实现经济结构调整、能源结构优化和资源环境保护的战略目标。

2020年9月，习近平主席在第七十五届联合国大会一般性辩论上阐明，应对气候变化《巴黎协定》代表了全球绿色低碳转型的大方向，是保护地球家园需要采取的最低限度行动，各国必须迈出决定性步伐。同时宣布，中国将提高国家自主贡献力度，采取更加有力的政策和措施，二氧化碳排放力争于2030年前达到峰值，努力争取2060年前实现碳中和。中国的这一庄严承诺，在全球引起巨大反响，赢得国际社会的广泛积极评价。在此后的多个重大国际场合，习近平主席反复重申了中国的"双碳"目标，并强调要坚决落实。特别是在2020年12月举行的气候雄心峰会上，习近平主席进一步宣布，到2030年，中国单位国内生产总值二氧化碳排放将比2005年下降65％以上，非化石能源占一次能源消费比重将达到25％左右，森林蓄积量将比2005年增加60亿 m^3，风电、太阳能发电总装机容量将达到12亿 kW 以上。习近平主席还强调，中国历来重信守诺，将以新发展理念为引领，在推动高质量发展中促进经济社会发展全面绿色转型，脚踏实地落实上述目标，为全球应对气候变化作出更大贡献。

2021年3月中央财经委员会第九次会议强调，我国力争2030年前实现碳达峰，2060年前实现碳中和，是党中央经过深思熟虑作出的重大战略决策，事关中华民族永续发展和构建人类命运共同体。实现碳达峰、碳中和是一场广泛而深刻的经济社会系统性变革，要把碳达峰、碳中和纳入生态文明建设整体布局。建设中国特色社会主义总布局是"五位一体"，其中生态文明建设是一个重要的方面。2021 年 4 月 30 日，中共中央政治局第二十九次集体学习时确立了"双碳"在生态文明建设中的地位。习近平总书记强调，"十四五"时期，我国生态文明建设进入了以降碳为重点战略方向、推动减污降碳协同增效、促进经济社会发展全面绿色转型、实现生态环境改善由量变到质变的关键时期。

2022 年 3 月，国家发展改革委、国家能源局发布《"十四五"现代能源体系规划》（以下简称《规划》），提出能源保障更加安全有力、能源低碳转型成效显著、能源系统效率大幅提高、创新发展能力显著增强等目标。相比"十二五""十三五"，"十四五"能源规划更强调"现代能源体系"，"清洁低碳，安全高效"是现代能源体系的核心内涵，同时也是对能源系统如何实现现代化的总体要求。《规划》提出，要完善能耗"双控"与碳排放控制制度，严控能耗强度，同时新增可再生能源和原料用能不纳入能源消费总量控制，加快全国碳排放权交易市场建设，推动能耗"双控"向碳排放总量和强度"双控"转变。相关政策以及细则的出台都极大程度地促进了我国碳排放权交易市场的建设，最终推动企业在交易机制下合理制定减排计划，引导减排技术创新，实现我国产业结构的优化升级。

1.1.2　研究意义

我国在全力推进可再生能源发电产业发展的过程中，需要妥善解决可再生能源发电行业发展面临的发电、上网和市场消纳三大难题，为解决这三大主要难题、保持对可再生能源发电商的连续激励以及实现节能减排的政策目标，政府对可再生能源发电项目的激励手段也由行政手段等政策性激励向以市场为主导的经济性激励转变。

为建立长期有效的可再生能源发展机制，2017 年 1 月，国家发展改革委、财政部、国家能源局联合印发《试行可再生能源绿色电力证书核发及自愿认购交易制度的通知》（发改能源〔2017〕132 号），明确绿色电力证书（简称绿证）是国家对发电企业每兆瓦时非水可再生能源上网电量颁发的具有独特标识代码的电子证书，风电、光伏发电企业出售可再生能源绿色电力证书后，相应的电量不再享受国家可再生能源电价附加资金的补贴。同时，提出根据市场认购情况，自 2018 年起适时启动可再生能源电力配额考核和绿证强制制约来交易。2018 年 3 月，国家能源局综合司出台《可再生能源电力配额及考核办法（征求意见稿）》，明确了我国施行可再生能源配额制（Renewable Portfolio Standard，RPS），明确了将以各主体实际消纳的可再生能源电力为主要完成方式来对可再生能源消纳权重指标进行考核。为了降低可再生能源弃能率、加大可再生能源电力消纳力度、减少政府补贴、推动激励政策由固定电价政策走向市场化政策，2019 年 5 月，国家发展改革委、国家能源局联合印发《关于建立健全可再生能源电力消纳保障机制的通知》（发改能源〔2019〕807 号），标志着我国可再生能源配额政策的正式出台。2020 年 2 月，国家发展改革委办公厅、国家能源局综合司关于印发《省级可再生能源电力消纳保障实施方案编制大纲的通知》（发改办能源〔2020〕181 号），供各省级能源主管部门编制本地区实施方案时参考。为了各地可以明确发展预期，提前做好项目储备，国家能源局在 2021 年发布的《关于征求 2021 年可再生能源电力消纳责任权重和 2022—2030 年预期目标建议的函》中，一次性下达了 2021—2030 年各地区各年度可再生能源电力消纳责任权重，并逐年根据情况调整，提出到 2030 年全国各省级行政区域实现同等可再生能源电力消纳责任权重

（40％）。2022 年下半年，国家发展改革委、国家能源局等部门发布《关于推动电力交易机构开展绿色电力证书交易的通知》，指出在未来将把绿证核发范围逐步有序拓展至分布式风电、分布式光伏等可再生能源电力。2023 年 7 月，国家发展改革委、财政部、能源局发布《关于做好可再生能源绿色电力证书全覆盖工作促进可再生能源电力消费的通知》，强调绿证是我国可再生能源电量环境属性的唯一证明，是认定可再生能源电力生产、消费的唯一凭证，正式将绿证扩展至分布式光伏、分布式风电、生物质发电等多种能源生产模式，实现了绿证核发全覆盖，并明确绿证除用作可再生能源电力消费凭证外，还可通过参与绿证绿电交易等方式在发电企业和用户间有偿转让。以上文件的出台表明我国正尝试逐渐建立并完善适应中国国情的可再生能源配额政策，新能源再获政策强刺激，绿证作为可再生能源电力生产、消费的唯一凭证，可以通过交易等方式，在发电企业与用户之间有偿转让。而其衍生出的绿证交易市场（简称绿证市场）将利用其市场机制的作用促进可再生能源配额制的进一步实施，但绿证交易如何通过市场传导作用影响整个电力市场，进而实现能源结构的变革将是一个值得研究的问题。

与此同时，作为全球的生产和消费大国，我国二氧化碳排放量巨大，因此拥有较大的碳排放权交易市场（Emission Trading Scheme，ETS，简称碳市场）潜力。2011 年，我国开启了七大碳排放权交易试点，包括北京、天津、重庆、上海、湖北、广东、深圳，2013 年，各试点开始陆续启动，以期为未来建立全国碳排放权交易试点积累经验。依据各地产业结构和经济发展水平的不同，各试点规定纳入碳排放权交易体系的行业也各不相同，但由于电力产品特点以及电力行业排放占比较高，各大试点均将电力行业纳入其中。2017 年 12 月，国家发展改革委印发《全国碳排放权交易市场建设方案（发电行业）》（发改气候规〔2017〕2191 号），明确以电力行业为突破口。2021 年 7 月 16 日，全国碳市场上线交易，地方试点市场与全国碳市场并存。

2020 年 12 月，《碳排放权交易管理办法（试行）》（生态环境部令第 19 号）由生态环境部部务会议审议通过，并自 2021 年 2 月 1 日起施行，确定了全国碳市场制度框架。2021 年 12 月，生态环境部发布《企业温室气体排放核算方法与报告指南　发电设施（2021 年修订版）》（征求意见稿），为电力行业的碳排放权交易提供了核算基础。碳市场的建立，要求电力行业对碳排放进行控制及管理，增加了电力行业碳减排的责任和电力生产成本。有关专家称："十年内，我国电力行业是一个扩展性市场，而碳排放权交易机制是一个收缩性市场，在实行设计碳排放权交易机制时，需要充分考虑两个市场的相互作用，才能保证电力行业的健康发展。"[1] 因此，电力行业作为高耗能产业之一，研究碳市场对电力市场的影响对国家出台针对电力行业以及其他高能耗企业相关政策具有重要意义。

对于电力行业来说，可再生能源配额制促进其能源结构的变革，碳排放权交易制度促进其能源技术的变革，绿证交易与碳排放权交易都将通过市场机制的作用对电力市场产生双重影响。因此，在可再生能源配额制及碳市场共同实施的情况下，理论上和实践上必须回答以下问题：①可再生能源配额制下绿证交易的运行机理是怎样的（绿证均衡价格）；②电力市场与碳市场的运作机理如何；③绿证交易与碳排放权交易（为满足环境目标和碳减排目标而实行）之间又有什么关系；④绿证交易与碳排放权交易的耦合对电力市场的影响机理及效果（电力价格、可再生能源电力供应量、传统能源电力供应量）等一系列问题。基于以上问题的答案，根据国外发达国家研究节能减排政策效果的先进经验，结合我国电力行业的特点，对研究我国绿证交易及碳排放权交易对电力市场的耦合效应分析模型研究具有重要的理论价值和现实意义。

1.2　主要研究内容

本书围绕电力市场背景下可再生能源配额制与碳配额制进行研究，主要开展以下五个方面研究工作：

研究内容一：对可再生能源配额制与碳配额制的基本概念和内涵进行综述，为后续研究奠定理论基础。

研究内容二：通过对国外相似机制的运行现状和具体内容进行调研，并与国内的可再生能源配额制与碳配额制进行对比，分析它们之间的区别和关联，提炼出可借鉴的经验。

研究内容三和四：构建绿证市场、碳市场和电力市场的可计算一般均衡模型和系统动力学模型，对可再生能源配额制以及碳配额制对整个电力行业及宏观经济的影响进行研究，主要包括电源结构、产业结构、宏观经济和电力价格变化情况。

研究内容五：在研究内容三和四的边界问题基础上，探究了电力交易、可再生能源配额交易以及碳排放权交易的协同机制，提出相关政策建议。

1.3　国内外研究现状及发展动态分析

1.3.1　碳市场的研究现状

1. 国外研究现状

近些年来，随着经济的快速发展和温室气体排放的增加，不少学者对碳排放权交易进行了研究。从当前的研究成果来看，主要聚焦于以下几个问题：①实施碳排放权交易机制时，是采用总量限制还是强度限制；②对于初始配额的分配方式应当如何设计，是采取免费分配初始配额，还是有偿购买，抑或是根据执行的时间段划分；③是否应当在实施碳排放权交易制度后期加入拍卖方式，应当如何拍卖；④是否应当设计碳排放权交易的衍生产品等。下面将分别对国外碳排放权交易体系、碳排放权交易成本、碳排放权交易效率和碳排放权配额分配理论进行综述。

（1）碳排放权交易体系的研究。Hahn 和 Noll 认为对于一种交易制度的设计取决于其中的构成因素，对于碳排放权交易制度来说，需要将总量划定清晰，在总量范围内买卖双方进行交易。[2] 以此为基础，Bjoern 和 Carlen 对碳排放权交易制度进行了更加深入的研究，并提出构成碳排放权交易体系的八大元素，其中包括总量减排目标、碳配额、配额分配方法、交易市场范围、市场激励惩罚与监督机制、交易规则、政策、法律法规支持等[3]。当然，也有不同学者对碳排放权交易体系构成要素进行不同的划分，比如 Gunasekera 提出，针对澳大利亚的排放权交易制度，应当重点考虑排放的种类、参与的形式是强制性还是自愿性或是按照一定比例，排放权的分配方式，以及市场的运行和管理等因素[4]。对于具体的是采取总量限制还是强度限制，Muller、Dewees 和 Fischer 等通过比较研究为此做了说明，他们的研究结果表明，总量限制更容易帮助国家政府部门实现最终的减排控制目标，但是强度减排实行起来更加便捷和易于管理，可相对强度减排的外部成本也更高[5-8]。Cason 和 Plott 还运用模拟实验的方法验证了短期内两种交易机制效率的差别[9-10]。

（2）碳排放权交易成本的研究。在大部分的研究中，为了更好地建立模型，都会偏向于将交易成本设置为零，但是在现实的交易环境中，交易成本不可避免地存在，并将会对市场效率造成或多或少的影响。针对碳排放权交易市场中，交易成本是否存在、交易成本的决定因素、交易成本的衡量以及交易成本的影响都是学者们的研究重点。Dudek 和Wiener 指出，碳市场中的交易成本是客观存在的，其中包括交易者中的谈判成本、申请配额的成本、运行成本和国家部门的监督成本等[11]。进一步对于交易成本对整个碳市场的影响，Bjoern 和 Carlen 的研究成果表明，交易成本会使碳市场的效率大大降低，而且交易成本如果设置过高，比如交易程序太过复杂，都会在很大程度上降低交易者的积极性，抑制碳排放配额供给和需求的增长[3]。因此，Misiolek 和 Maloney 等人认为由于交易成本会影响市场效率、参与者的活跃性，因而在各国排污权交易过程中，对于交易成本高低的设定至关重要[12-13]。对于交易成本的测量，Tietenberg 利用 LAB 控制法对洛杉矶的排污权交易进行分析，测算结果表明此市场的交易成本较高[14]。而交易成本除了与市场本身设计有关，还与交易的区域和范围有关，如 HaoranPanda 和 Regemorterb 通过理论分析得出，世界各国间或区域间实行的碳排放权交易，比国家内部实行碳排放权交易的成本更高[15]。为了降低交易成本，Alexeeva-Talebi 和 Anger 认为，可以将高成本的碳排放权交易和低成本的清洁能源发展机制结合在一起，但是据测算其达到的减排效果并不理想，但仍可以运用于单个国家内制度的实施[16]。与此同时，Böhringer 等学者也提到，对于碳排放权制度的设计也不可过于宽松，虽然可以降低交易成本，但却会对排放权覆盖面以外的行业产生不公平[17]。

（3）碳排放权交易效率的研究。对于碳市场中市场势力对其效率的影响，也同其他市场类似，市场势力的不均衡也会使市场出现寡头垄断或完全垄断的情况，毕竟完全竞争的市场在现实中较少存在，而垄断的产生必将会对市场的效率、流动性以及价格等产生影响。部分学者对此做出了研究，如 Davis 通过对比研究得出，碳市场和其他市场一样，垄断会促使市场份额多的卖方利用自己的市场势力对市场中的价格进行控制，进而影响整个市场配额的供给和需求，从而获得高额利润，破坏市场内的公平竞争[18]。进而，Hahn 和Robert 对碳市场中垄断的形成原因进行分析，认为在交易制度设计中对某些行业或企业设置交易特权会造成垄断力量的形成[19]。Misolek 等学者还对有垄断存在的碳市场进行了模拟仿真，结果说明市场势力会破坏市场规律，造成市场机制扭曲，影响市场效率[20]。

（4）碳排放权配额分配理论的研究。对于碳排放权配额分配理论和规则的研究，传统中有三种分配方式，包括政府免费发放碳配额（免费配额）、根据历史情况推算碳配额（历史推算法）和政府公开拍卖碳配额（拍卖配额）。Klemperer 对配额的分配方式进行研究，提出拍卖配额的几种形式，包括第一价格拍卖、第二价格拍卖、升序拍卖和降序拍卖四种，国家可以根据不同时间段对拍卖价格进行不同的设定[21]。而对于历史推算法，Cramton 认为有一定的不足，由于历史测算是依据行业前几年的排放量来推算当年的排放量，因此得出的配额量是不科学也不公平的，比如说电力行业排放量历年居高不下，但得出的免费配额也是较高的，不仅对其他行业缺乏公平，还会减缓电力行业的减排压力，影响减排质量，还有可能会促进碳排放[22]。因此，相比免费配额和历史推算法，更多的学者支持拍卖配额的方式，Goulder 和 Fullerton 对不同方法进行对比，结果表明，拍卖更能够发挥市场机制的作用激励企业进行技术创新和节能减排，提高能源使用效率，同时减少市场扭曲，提高政府的收入水平[23]。

2. 国内研究现状

与国外的研究成果相比，我国对于碳排放权交易机制的研究起步较晚，2011 年我国政府在"十二五"规划中正式提出逐步建立碳市场。2013—2016 年，深圳、上海、福建等地先后启动碳市场交易试点，2017 年全国碳市场建设正式启动，并于 2021 年以电力行业为突破口开始正式运行。自世界各国倡导应对气候变化和环境保护以来，我国对于排放权交易和碳交易等方面的研究逐步得到重视，其研究的范围、角度、内容、深度和方法也在不断地进步。下面将分别对国内碳排放权交易制度、碳排放权定价和碳排放配额分配理论进行综述。

（1）碳排放权交易制度的研究。孙良通过研究我国的基本国情与现状，剖析了目前实施碳排放权交易的环境，认为在制度实施过程中要与现实情况相结合，而政府也应该担任起对应的市场监督责任，才能保证市场初期的有效运行[24]。朴英爱和杨晓庆对碳排放权交易制度的可行性进行研究，认为开展碳排放权交易是一种制度创新，能够促进各行业进行技术创新、提高能源利用效率，进而推动产业结构的升级与调整；同时还能够利用市场机制实现我国的节能减排承诺与目标，增强我国在全球碳市场的话语权和参与能力，从而获得更大的经济效益、社会效益和环境效益[25-26]。李超超对碳排放权交易的制度模式进行研究，通过与国外发达国家的对比分析，提出我国在建立碳市场初期会遇到的问题，并在政策推行、法律保障、政府激励与监管、机制设计、衍生品创新等方面提出了相关的构想与建议[27]。在此基础上，谭志雄聚焦森林碳汇交易市场进行研究，构建了市场交易的框架，利用全新思路创建市场模式，为建立我国碳市场提供了相应的参考[28]。

（2）碳排放权定价的研究。许多学者聚焦于定价模型的分析与应用，陈晓红通过对欧盟的排放权交易体系的研究，利用实证分析的方法分析了排放权价格的形成机制[29]。廖志高等通过引入超越对数生产函数构建了改进碳排放权价格模型，并进一步以湖北省数据开展实证研究，分析了影子价格与实际价格之间的偏差及相应原因，为我国未来碳排放权定价提供重要参考[30]。赵娜则通过博弈论分析模型对碳排放权配额的价格进行估算，同时也分析了一级市场（政府发放配额）和二级市场（碳市场）的价格设定问题，为我国的试点建设提供了相应基础[31]。针对具体的碳排放权交易过程，张建以运输行业作为实例，研究此行业中碳配额在一级市场和二级市场中的定价问题，并进行了相应的模型分解分析[32]。赵平飞进而对碳配额定价提出总结，对于配额价格的设定应当根据传统理论和方法对金融产品规律的研究，寻求碳市场中的合理初始价格和均衡价格的设定依据，同时也为未来进入国际市场打下理论基础[33]。徐国卫和徐琛对欧盟碳排放权交易体系进行研究，构建期货定价模型，探求价格发现规律，最终解决碳配额定价的问题[34]。

（3）碳排放权配额初始分配的研究。同国外研究相似，我国学者也提出了在当前国情下，可以利用三种方式进行初始阶段的配额分配，包括免费分配、历史排放量推算、公开拍卖等方式。鲁炜、崔丽琴、安丽、赵国杰和张红亮等学者对不同的分配方式进行分析，比较了各方法的优劣势、对市场的促进作用以及达到的减排效果，以期找到适合我国碳排放权交易不同发展阶段的配额分配方式[35-37]。不拘泥于分配形式，对于更深层次的交易原理的研究，傅强和李涛选择了美国和欧盟的交易市场作为样本，分析了不同分配方法的原理与机制[38]。在此基础上，郑玮进一步对碳排放权配额的设定构建了一般均衡模型（CGE），比较了在不同市场开放程度下，初始配额分配的条件和区别[39]。何梦舒也再次强调，配额的分配方式对我国建立碳市场的初期至关重要，并从金融学的角度建议可以将碳配额的衍生产品如期货和期权等纳入交易体系中，能够加强碳市场的流通性，也能够使碳排放权交易价格更加透明和稳定[40]。李凯杰和曲如晓也通过构建局部均衡模型更加深入地分析了不同配额分配方式的经济效益、社会效益和环境效益，建议可以将多种分配方法结合使用[41]。

1.3.2　绿证市场的研究现状

面对节能减排、绿色经济和可持续发展的要求，大力发展可再生能源是最直接有效的方法。"十二五"期间，中国推出了可再生能源配额制（Renewable Portfolio Standards，RPS）并逐步推进可再生能源配额制的建设。可再生能源配额制是指一个国家或者一个地区的政府用法律的形式对可再生能源发电的市场份额做出的强制性的规定，通过可交易的绿色证书（简称绿证）交易制度，进而反映整个社会的资源稀缺情况和市场供求状态，从而体现其生态补偿机制性质的制度[42]。因此，绿证是可再生能源配额制的有机组成部分，可交易的绿证（Tradable Green Certificates，TGC）是指对发出可再生能源电量的厂商颁发的一种证明类证书，代表了相应数量的可再生能源发电量，在绿证市场中它是可以被交易的[43]。而绿证市场就是指绿证的需求方（配额的承担主体）与绿证的供给方进行绿证交易的场所。

针对绿证市场的研究，国内学者和国外学者研究的侧重点有所不同。鉴于国外已经开始实施可再生能源配额制多年，因此国外学者更多地聚焦于绿证交易制度实施过程中遇到的细节问题，比如交易成本、成本有效性以及面临的风险等问题。Fristrup 和 Verbruggen 提出了在绿证交易过程中，会面临不同可再生能源发电兑换绿证数量的问题，涉及多样化发电的难易程度，以及是否会形成某些能源产能过剩、某些能源无人开发的局面[44-45]。针对这个问题，Nielsen、Söderholm 和 Verhaegen 等学者以欧盟电力市场为例，剖析了为不同发电技术设置不同绿证兑换数量的可行性[46-48]。然而，任何交易市场中都存在着风险，如政策风险、市场风险、信用风险、金融风险等，Lemming 就针对风险问题进行了深入研究[49]。在市场风险中，绿证价格的波动是最明显的，如何平抑绿证价格的波动，Amundsen 和 Ford 等学者认为可以使交易者在规定时间范围内手中持有一定的绿证数量，以应对价格波动的风险[50-51]。为抵制市场风险，Agnolucci 提出创新技术、纳入金融衍生品可以减小风险对市场的不利影响[52]。与之前研究绿证交易的积极效应不同，部分学者也辩证地分析了绿证交易带来的隐患。Tamas 等通过研究英国绿证市场，对比了绿证制度和固定电价制度在社会福利方面的区别[53]。Aune 等认为全球或者区域内的绿证交易可以使得交易成本有效地降低[54]。Bergek 和 Jacobsson 还通过研究表明，绿证交易的引入虽然会促进技术进步和产业转型，但也会在很大程度上增加电力用户的消费成本[55]。而 Marchenko 和 Aune 等学者也说明，绿证交易制度作为可再生能源配额制的补充机制，可能并不能带来预期的经济效益，也不具备成本有效性[56-57]。

我国可再生能源配额制的建设尚处于初级阶段，因此相比于国外研究，国内学者更多的聚焦于配额制和绿证交易制度的设计与建设、实施过程中应当考虑的主体及因素等方面。姜南、李家才和朱海等学者结合我国目前的国情与现状，考虑我国可再生能源的发展特点，提出了在推行绿证交易制度时应当考虑的重点问题，如纳入配额制的可再生能源种类、配额的设定、扶助政策和立法的支持等[58-60]。在此基础上，董力通对绿证交易制度中绿证初始价格的制定以及证书兑换等问题进行了研究[61]。秦珩衡和沈彧等学者进一步讨论了绿证交易制度对促进我国可再生能源比例的积极效应[62-63]。而绿证作为一种新的金融工具，在未来的风险控制方面，引入期货与期权等金融衍生产品对避免价格波动将具有深远的影响[64]。

1.3.3　碳排放权交易或绿证交易对电力市场的影响

1. 碳排放权交易对电力市场的影响

对于碳排放权交易对电力市场的短期影响，大部分的学者认为，由于增加了碳排放权交易，碳配额可以在交易市场进行交易，企业在国家规定免费排放配额的基础上根据自身的需要购买或者售出碳配额，从整体性来看，增加了发电厂商的运营成本，排放量多的厂商成本增加的多，排放量少的厂商成本增加的少。而短期成本的增加会决定发电厂商的电价，也会影响发电厂商对于不同发电机组的调度优先顺序，同时还会影响电力用户的购买量。Newcomer 等通过模拟仿真的手段对美国的排放权交易市场进行分析，研究结果得出排放权交易提高了发电厂商的成本，进而影响电力价格，从而影响消费者的电能消耗量，而发电厂商会优先调度低排放的机组，以维护其经济利益[65]。对于排放权价格如何影响机组调度的问题，Reinaud 的研究指出在欧盟排放权交易市场，价格设定为 19 欧元/t，发电厂商将从燃煤机组转换到联合循环燃气轮机机组，也就是说，如果排放权价格高于此价格，发电厂商就会更多地倾向于优先使用联合循环燃气轮机机组发电，进而影响其报价策略[66]。针对报价策略，国内学者也有相关研究，如刘国中等便研究了在排放权交易制度实施的前提下，目前电力市场中在不了解对方报价的情况下发电厂商应当如何制定报价策略[67]。而对于如何促进发电厂商进行机组转型和技术转型，Delarue 等提出需要设定较高的排放权价格，或是电力需求量大幅度增加给予相应的驱动力[68]。

碳排放权交易对电力市场的长期影响，主要表现在对发电厂商投资的影响。从长远来看，排放权交易的介入，使发电成本增加，电价升高，竞争力减弱；加之未来传统能源的稀缺性和价格的升高，生产要素成本提高，会更大程度上增加煤电机组的成本，因此发电厂商必须转型，进行技术创新、设备更新、提高能源利用率、低碳转型、减少排放、投资可再生能源。针对碳排放权交易下投资策略的研究，国内外学者均有相应的成果。如 Laurikka 和 Koljonen 对欧盟的排放权市场进行研究，得出排放权交易体系的设计如排放权价格、配额的比例、配额分配、总量限制等因素均会影响其投资[69-70]。国内学者刘国中和吉兴全等利用期权理论通过建立博弈模型，利用蒙特卡罗法进行评价和排序，分析了排放权交易制度下，不同发电厂商的投资决策条件，以及如何在多个投资方案中选择出最佳方案[71-73]。而在战略选择中有如下几种可能：转型投资可再生能源发电或者低碳型能源发电，改变发电结构；研发新型高效技术或低碳设备，减少排放降低环境成本；直接在交易市场购买排放权；停止发电，不再出售电力；仅出售排放权[65,66,68,74]。

2. 绿证交易对电力市场的影响

对于绿证交易对电力市场的影响，主要聚焦于对电力市场效率和风险的影响。其中，Nilsson 等学者对瑞典的绿证市场进行深入定量研究，得出由于绿证交易的实施，增加了电力市场的交易成本和交易风险，进而提高了电力价格和销售量[75]。Lemming 也认为绿证的引入增加了发电厂商和电力用户的风险，因此，虽然绿证便于在市场中进行认证和交易，但执行过程中仍有不可回避的障碍和经济问题[76]。Colcelli、Michaels 等学者也对此问题进行了阐述，论证了绿证会对经济政策产生反馈效应，也会对社会效益造成一定影响[77-78]。此外，Tsao 和 Verhaegen 等学者还指出当绿证市场和碳排放权交易市场同时存在时，对电力市场会产生冗余效应，因此各国执行绿证交易制度时需要考虑政策间的激励相容作用[79-80]。

3. 绿证交易对碳排放的影响

对于绿证交易对碳排放的影响，主要聚焦于绿证交易和碳排放权交易之间的相互作用以及共同对经济社会环境产生的影响。如 Bird 等学者便通过构建 REEDS 模型分别剖析了两种制度对电力行业的促进效应[81]。在此基础上，Knutsson、Unger 和 Amundsen 进一步研究了欧盟等地绿证市场和碳市场中期货对电力产品及市场产生的影响[82-84]。对于两市场间的相互作用，Morthorst 提出在电力市场中引入绿证市场，可以促进电力行业节能减排目标的实现[85-86]。Jensen 和 Skytte 研究了两种制度并行情况下，可以相互促进各自目标的实现，通过政策的激励相容，可以有效达到碳减排的目标和可再生能源在电源结构比例中的目标[87]。因此，两种制度是"正反馈"的关系，并能够在电力市场中相互影响、相互补偿[85]。

1.3.4 CGE 模型在能源政策评估方面的应用

可计算的一般均衡（Computable General Equilibrium，CGE）模型，能够通过供给和需求关系，并利用消费者效用最大化、生产者利润最大化等约束条件建立方程组，进而得到各个市场都达到均衡下的价格和数量。CGE 模型最早始于 Johansen 模型，之后经过经济学家们多年的努力，不断得到完善和发展，最典型的代表为 GTAP 模型（来自全球贸易分析项目）和 MONASH 模型（来自澳大利亚 Monash 大学政策研究中心）[88-89]，随后 CGE 模型被广泛应用于经济领域。而近年来，面对不断严峻的环境问题和气候变化，CGE 模型被应用于环境政策的效果评估，如在二氧化碳排放领域中应用比较广泛的 CREEN 模型和之后的 G. Cubed 模型[90]。

对于国外 CGE 模型应用的研究，国外学者更多地侧重于对政策效果进行模拟仿真，以求得不同的经济或者环境政策对全国经济、社会或某个行业中关键因子的影响，能够以一个宏观和全局的角度模拟分析出政策实施后的效果，从而为政策决策者提供科学客观的依据。如 Babiker 便通过构建区域内的 CGE 模型来研究各国制定的减排目标对能源市场产生的影响[91]。Kemfert 和 Dissou 等学者也利用 CGE 模型研究了在德国限制二氧化碳排放总量以及节能减排政策对国民经济产生的效应，结果表明，现实中的减排成本可能高于预期值[92-93]。Wissema 和 Galinato 等学者通过构建碳税的 CGE 模型，定量测算了各地区中不同税率水平对减排目标的促进作用以及对能源市场的影响效果[94-95]。

对于国内 CGE 模型应用的研究，是从 21 世纪开始才被引入对我国经济政策和环境政策的评价和分析中。如万敏和鲍芳艳通过 CGE 模型分析得出中国引入碳税之后，对整个经济各部门的产量将产生消极影响，但随着碳税的不断提高，可以有效促进企业生产效率和减排效率的提高[96-97]。谭显东进一步针对某些行业（电力行业）进行碳税的研究，研究定量分析了碳税的征收对电力部门价格和产量的影响[98]。贺菊煌等学者利用 CGE 模型对比分析了不同税收对国民经济的影响[99]。林伯强和牟敦国同样也通过构建 CGE 模型研究了能源要素价格对要素相关产业的影响[100]。对于税收的研究，也不仅局限于碳税的研究，还有学者对硫税进行研究，如马士国利用 CGE 模型分别分析了硫税的征收对减排率和国家 GDP 的影响[101]。朱永彬和王铮等学者还对不同碳税税率对劳动要素、居民收入和政策收入的影响进行分析[102-103]。杨岚等学者进一步分析了能源税对国民经济中 10 个具体行业产生影响的差异，研究结果表明，征收能源税有利于提高能源利用效率，减少排放[104]。对于碳排放权交易政策的效果评估，袁永娜等学者通过构建中国的 CGE 模型，模拟分析了基于行业的碳排放权分配制度和基于区域的碳排放权分配制度对我国经济发展的影响[105]。

1.3.5 文献评述与发展动态

针对碳市场的研究，从国内外碳排放交易的研究现状对比可知，由于国外碳排放权交易已经实施了很多年，具备较为成熟的实践经验，因此国外学者的研究更多地聚焦于碳排放权交易机制的目标设置、初始配额的分配、拍卖方式以及碳排放权交易的衍生产品设计等。而国内的研究内容还处于初级阶段，主要聚焦于碳排放权交易制度实施的可行性与意义、遇到的障碍与困难、机制设计时应重点考虑的因素、基于博弈论及均衡模型等理论的碳排放权分配问题，以及政策措施对环境和经济影响的理论分析等方面。从整体上看，在碳排放权交易研究中缺少针对中国市场特点的建模分析以及不同交易机制对市场影响效果的实证研究。

针对绿证市场的研究，一般包含在可再生能源配额交易制度的研究中，国外主要聚焦于绿证市场机制中交易成本、成本有效性、市场效率和金融风险等问题，侧重于构建模型定量地分析绿证交易的引入对电力市场、能源市场、经济系统、社会系统和环境系统的影响，研究成果较为成熟。相比国外研究，国内研究更多的侧重一些定性的理论研究，如绿证交易制度的可行性、制度设计、实施中遇到的障碍以及相应的保障机制，缺乏数据的搜集、定量研究和实证分析。因此，国外的研究成果在方法和思路上，对于研究低碳政策的影响效果具有一定的借鉴价值。

由上述碳交易或绿证交易对电力市场影响的文献综述可知，国内针对绿证交易与电力市场的研究几乎空白，针对碳交易与电力市场的研究一方面聚焦于对比碳税和碳交易对电价或者电量的影响，另一方面则关注微观层面多主体博弈和利益分享的问题。针对绿证市场、碳市场与电力市场之间的相互影响，国内几乎空白，国外一般聚焦于可再生能源和碳排放权分配额的设定，对市场间相互影响的研究大都仅限于两个市场的研究，而对三个市场间相互影响的研究只有一篇，仅重点讨论绿证价格和碳价波动对发电量和装机投资的影响。本书研究内容为绿证交易及碳交易对我国电力市场的耦合效应分析模型研究，将基于一般均衡理论与系统动力学模型，构建绿证交易、碳交易和电力交易三个市场交互作用的耦合效应分析模型，进而研究其相互的影响和作用机理，属于宏观政策的动态化系统性研究，与之前学者研究的侧重点和方法不同。

1.4 主要创新点

（1）考虑绿证交易、碳交易的能源政策模块，构建了能源电力交易动态 CGE 模型。

构建绿证交易、碳交易的一般均衡模型，通过设定不同碳减排政策情景，验证了碳减排政策能够在一定程度上优化中间部门产业结构，在市场机制下，碳减排政策对各个产业部门占总产出的比例不同，对高耗能产业部门的影响较大，而对服务业、高科技产业等部门造成的影响较小，因此碳减排政策在一定程度上能够实现对产业结构的优化调整。此外，碳减排政策能够在一定程度上优化能源结构，促进可再生能源行业的发展。

（2）提出了绿证市场、碳市场与电力市场的交互作用机理的系统动力学模型。

建立了绿证和碳交易同时存在的电力市场均衡模型，通过绿证市场、电力市场和碳市场的交互作用机理建立三市场耦合的系统动力学模型。从政策、经济和技术等方面识别影响三市场发展的因素，分析新型电力系统环境下电力市场发展与碳市场发展的因果关系，通过演化发展分析，明确碳市场、绿证市场、电力市场协同交互的关键影响因素，并进行了模拟仿真分析。

（3）基于理论模型分析，结合国外发展经验启示，提出电-碳-绿证市场协同机制发展建议。

对模型各变量进行赋值，并添加外生政策变量，从宏观层面模拟两交易市场对电力市场的耦合效应，研究碳交易、可再生能源配额交易及电力交易协同机制，结合国外低碳市场发展经验启示，为政策制定提供技术支持。项目成果及应用可为不同互动情景下重点控排企业落实碳减排过程中在市场交易和用能优化方面提供支撑，结合实际数据与仿真推演结论，为不同互动情景下的多元市场政策提供量化数据，为新型电力系统环境下碳市场、电力市场、绿证市场政策出台提供参考。

第 2 章

可再生能源发展机制

2.1 可再生能源配额理论基础

2.1.1 可再生能源配额制概述

可再生能源配额制是由政府主导的、为促进可再生能源发电产业发展的强制性制度，指一个国家或地区强制性规定电力系统所供电力中须有一定比例（即配额标准）的可再生能源供应，即强制要求能源供给方（义务主体）在所供应的能源结构中必须提供一定比例的可再生能源，这个强制的比例也就是强制性的义务（obligation）或配额（quota）。配额既可以是可再生能源增长的绝对量，也可以是一个增长比例，但无论是绝对量还是增长比例，通常都是一个明确的数字。

由于可再生能源包含的范围非常广泛，全球各国对其重要性认识并不一致，因而凡是实行可再生能源配额制的国家或地区，均明确界定了适用的可再生能源技术。同时，为了保证配额指标的如期完成，政府通常会设立高效权威的监督机构，监督配额义务主体确实完成配额指标，若发现违反规定或者到期不能完成配额指标，则要对其进行处罚。

2.1.2 可再生能源配额制产生的经济学基础

可再生能源配额制实施是从产权经济学中的科斯定理出发，借鉴当前碳配额以及碳市场发展的成功经验，如陈志峰基于环境容量理论，仿照排污权、碳排放权等环境容量利用权提出绿证的基础权利，认为基于此权利的清晰界定，可再生能源发电就可以摆脱对其正外部性进行补偿的政府补贴，从而让市场在其中发挥主要作用[106]。

可再生能源配额制交易与碳排放权配额交易的异同见表 2-1。

表 2-1 可再生能源配额制交易与碳排放权配额交易的异同

项　目		绿证交易/消纳量交易	碳排放权交易
外部性内在化	政府解	可再生能源补贴——庇古津贴	碳税——庇古税
	市场解	可再生能源配额——消纳量交易	碳配额——碳排放权交易

蒋桂武也认为，配额制强制地将绿证认定为一种经济品并赋予给绿电厂商，从而使得绿证成为一种产权，在产权清晰和尽可能降低交易费用的基础上，市场就可以代替政府成为资源配置的最有效的手段，实现了可再生能源发电产业发展由固定电价制度的财政补贴向政府政策与市场共同作用的制度变迁，以真正达到电力行业市场化改革的目的[106]。

2.2 典型国家可再生能源配额制发展现状

可再生能源配额制是为了达成扶持可再生能源产业发展的战略目标而形成的政策机制，目前在全球范围内得到广泛应用。美国、英国、澳大利亚等国家多年前就已开始实行可再生能源配额制，并在长期实践中积累了丰富的经验。值得说明的是，世界上各国（地区）的配额制均是根据本国（地区）的实际情况而制定，不同国家（地区）之间具有一定差异。因此，本节选取几个典型国家（地区），对其可再生能源配额制发展现状进行梳理分析，以期为我国可再生能源配额制的发展提供经验借鉴。

2.2.1 美国可再生能源配额制

1. 政策基础

美国是世界上首个实施可再生能源配额制的国家，虽然联邦层面的配额制政策尚未建立，但目前美国全国已有 29 个联邦州以及 1 个哥伦比亚特区引入了该政策，此外还有 4 个联邦州设立了自愿配额目标。这 29 个联邦州及 1 个特区的售电量之和约占美国全国售电总量的 42%。预计到 2025 年，美国可再生能源配额制将促使美国的可再生能源电力增加 76.75GW，配额制对美国可再生能源进一步发展起到较好的促进作用。其中：①美国得克萨斯州可再生能源配额制政策实施较为成功，目前得克萨斯州拥有美国最大的风电市场，该州的配额制监管到位、政策稳定、处罚明确，为其他州的配额制政策制定起到了积极的示范作用；②加利福尼亚州的配额制设计较为复杂，监管机构较多，但是处罚力度没有得克萨斯州严格；③新墨西哥州的配额制通过合理成本的设计控制可再生能源成本，配额机制较为灵活，充分保证了责任主体的积极性，实施效果较为成功。美国各州可再生能源配额制政策现状见表 2-2。

表 2-2　　　　　　　　　　美国各州可再生能源配额制政策现状

联邦州	配额目标	目标年份	备　注
亚利桑那（AZ）	15%	2025	从 2012 年开始，30% 的可再生能源电力必须来自分布式能源，其中一半来自居民用户
加利福尼亚（CA）	33%	2020	
科罗拉多（CO）	30%	2020	电力合作社：2020 年 10%；客户数超过 4 万户的市政电力公司：2020 年 10%
康涅狄格（CT）	27%	2020	
哥伦比亚特区（DC）	20.4%	2020	绿证的可交易年限为 3 年
特拉华（DE）	25%	2025	2014 年 12 月 31 日前的光伏发电量及燃料电池发电量可以获得 300% 的绿证
夏威夷（HI）	40%	2030	
伊利诺伊（IL）	25%	2025	
堪萨斯（KS）	20%	2020	2010 年 10%；2019 年 15%
马萨诸塞（MA）	15%	2020	每年增加 1%
马里兰（MD）	20%	2022	

联邦州	配额目标	目标年份	备　　注
缅因（ME）	10%	2017	
密歇根（MI）	10%	2015	底特律爱迪生公司：2013 年前新增可再生能源装机容量 30×10^4 kW，2015 年前新增可再生能源装机容量 60×10^4 kW； 消费者能源公司：2013 年前新增可再生能源装机容量 20×10^4 kW，2015 年前新增可再生能源装机容量 50×10^4 kW
明尼苏达（MN）	25%	2025	埃克希尔能源公司：2020 年 30%
密苏里（MO）	15%	2020	要求本州三大电力企业 2021 年生产或收购电量中 15% 来自可再生能源
蒙大拿（MT）	15%	2015	2011—2014 年，公共电力公司必须购买总计 5×10^4 kW 的社区可再生能源电量和绿证
新罕布什尔（NH）	23.8%	2025	
新泽西（NJ）	22.5%	2021	
新墨西哥（NM）	20%	2020	农村电力合作社：2020 年配额为 10%
内华达（NV）	25%	2025	太阳能发电 5%
纽约（NY）	30%	2015	
北卡罗来纳（NC）	12.5%	2021	
俄亥俄（OH）	12.5%	2025	
俄克拉何马（OK）	15%	2025	
俄勒冈（OR）	25%	2025	
宾夕法尼亚（PA）	18%	2020	太阳能发电 0.5%
罗得岛（RL）	15%	2020	
南达科他（SD）	10%	2015	自愿配额
得克萨斯（TX）	10000MW	2025	可再生能源装机容量达 10000MW
犹他（UT）	20%	2025	自愿配额
佛蒙特（VT）	10%	2013	自愿配额
弗吉尼亚（VA）	12%	2022	自愿配额
华盛顿（WA）	15%	2020	
西弗吉尼亚（WV）	25%	2020	
威斯康星（WI）	10%	2015	

2. 配额主体

在考核和监管方面，美国各州的配额义务主体通常选取公用事业或电力零售商。州之间供电商类型、供电商规模不同，所承担的配额义务也有所不同。有些州所有的供电商均承担配额义务，例如，目前加利福尼亚州的配额制责任主体是州内所有为终端用户供电的电力企业。对于按照供电商类型进行配额义务分类的州而言，规模较大、实力较强的电力供应商承担的配额义务更多。对于按照供电商规模大小进行配额义务分配的州，投资人所有电力供应商承担的配额义务更多，部分州市政供电商和农村电力合作社完全不承担配额义务，或者对其要求较弱。

3. 配额目标

美国各州配额目标由各州自行制定，主要分为以下几种类型：①指定配额完成期限及比例，州 RPS 目标范围为 10%～100%，如哥伦比亚特区和夏威夷分别在 2032 年和 2045 年达到可再生能源占比 100% 的目标；②逐年递增的配额要求，如马萨诸塞州要求配额比例于 2030 年达到 41.1% 并于之后逐年提升 1%；③指定装机容量，如得克萨斯州要求可再生能源装机容量在 2015 年前达到 5880MW。此外，部分州针对不同的配额主体有不同的配额目标，如科罗拉多州要求投资人所有电力供应商在 2020 年达到可再生能源占比 30% 的目标，服务里程 100km 及以上的合作电力供应商在 2020 年达到可再生能源占比 20% 的目标，服务里程 100km 以下的合作电力供应商在 2020 年达到可再生能源占比 10% 的目标，服务超过 4 万个用户的市政电力供应商在 2020 年达到可再生能源占比 10% 的目标。

各州的配额目标并不是一成不变的，大多数州在配额制实行过程中均进行过配额目标的调整，一半以上实行了 RPS 政策的州都在不断提高可再生能源在整体能源结构中的占比。各州也根据其自身情况制定了配额目标的持续时间，其中，北卡罗来纳州、明尼苏达州、俄勒冈州、新墨西哥州针对不同配额主体制定了不同的期限。几乎一半的州将 RPS 目标扩展至 2030 年，其中大多数是在近期进行的修订。截至目前，4 个州以及北卡罗来纳州的公有公用电力商已过配额目标期限，明尼苏达州最大的公用事业控股公司（Xcel Energy）、北卡罗来纳州的投资人所有电力供应商以及其他 5 个州将在最近几年达到配额目标期限，俄勒冈州的公有公用事业以及其他 6 个州将在 2025 年或 2026 年达到配额目标期限，俄勒冈州的投资人所有公用事业以及其他 13 个州的配额目标期限在 2030 年及之后，其中，马萨诸塞州没有配额目标的最终期限。

4. 运作机制

从可再生能源电力与可再生能源证书的换算机制来看，一般来说，1MW·h 可再生能源电力相当于 1 个可再生能源证书（REC），例如加利福尼亚州。部分联邦州为了鼓励某种可再生能源发电技术类型，对其代表的 REC 数量做了特殊规定，如特拉华州规定 1MW·h 的光伏发电量或燃料电池发电量相当于 3 个 RECs。这种特殊规定对于鼓励目前发电成本尚高，但对于未来具有较好发展前景的可再生能源技术类型具有重要意义。部分州还对不同时段投运的可再生能源发电项目发电量所对应的 REC 数量也做了规定。

从 REC 的交易机制来看，加利福尼亚州的可再生能源发电商在售电的同时转让 RECs，承担配额义务的供电企业收集这些 RECs，以此作为向监管部门出示的收购可再生能源电力的证明。

5. 成本分摊

加利福尼亚州供电企业履行配额义务的重要方式之一就是以公开招投标的方式与中标的可再生能源发电企业签订购售电合同，供电企业按照中标价格收购其可再生能源电力。

由于中标电价一般高于市场电价，因此供电企业需要支付额外的收购成本。这部分额外成本如果由供电企业自身承担显然是不合理的，需要有疏导渠道。为此，加利福尼亚州规定，承担配额义务的供电公司可以通过调整销售电价收回收购可再生能源的额外成本，但是因未达标而支付的罚金不能由此回收。

6. 惩罚措施

如果电力公司没有实现配额目标，则应缴纳罚金。为了达到激励供电企业收购可再生能源发电量的目的，配额制规定的处罚标准一般高于收购可再生能源或购买证书的成本。加利福尼亚州目前规定的罚金标准为 5 美元/(MW·h)。但到目前为止，加利福尼亚州各承担配额义务的电力企业均通过各种方式实现了配额目标，没有出现缴纳罚金的案例。蒙大拿州、康涅狄格州、得克萨斯州规定，对于未达标的可再生能源发电量，相关供电企业需分别缴纳 10 美元/(MW·h)、55 美元/(MW·h)、50 美元/(MW·h)的罚金。

7. 实施效果

从政策效果上看，美国可再生能源装机容量在实施配额制后实现了快速增长，其中得克萨斯州、加利福尼亚州以及新墨西哥州是施行配额制最具代表性的州。得克萨斯州电力市场从 1999 年开始实行可再生能源配额制，计划在 2025 年可再生能源装机容量达到 10000MW，但其在 2009 年就已超额完成该指标，并使得得克萨斯州成为全美最大的风电市场。得克萨斯州成功完成其可再生能源装机目标的关键在于其建立了成熟而又配套的绿证体系，绿证交易及合理的市场交易机制有效疏导了可再生能源发电成本，充分发挥了市场的协调作用，促进了可再生能源装机容量的快速上升。加利福尼亚州电力市场从 2002 年开始采取可再生能源配额制，计划在 2020 年使得可再生能源达到 33% 的装机占比，但由于加利福尼亚州电力市场能源政策机制复杂，对未履行配额义务的市场主体处罚不严，导致其可再生能源发展缓慢。新墨西哥州从 2004 年开始实行配额制，并提前完成了 2020 年达到 20% 的可再生能源装机容量目标，其成功的关键在于通过"合理成本"的机制维持了可再生能源发电商的发电成本，并充分调动了市场主体的积极性。

根据劳伦斯伯克利国家实验室发布的报告《美国可再生能源配额制 2016 年度形势报告》显示，可再生能源配额制的容量占全美电力零售市场的 55%。自 2000 年以来有超过一半（60%）的可再生能源发电量是源于各州可再生能源配额制政策的出台。预计美国可再生能源配额制总需求将从 2015 年的 215TW·h 增长到 2030 年的 431TW·h；若保持此增长率，新增非水可再生能源发电量需要占电力零售市场的 12.1%。至 2030 年，可再生能源配额制需求将增加 60GW 的可再生能源装机容量。

2.2.2　英国可再生能源配额制

1. 政策基础

英国可再生能源配额制，或称为可再生能源义务制度，它是最主要的可再生能源经济激励机制。英国可再生能源义务（Renewable Obligation，RO）政策是世界范围内可再生能源配额制的主要代表之一。

为降低可再生能源发电成本，建立有效的市场保障机制，英国从 1990 年开始实施非化石燃料义务政策（NFFO）。然而由于部门间协调及政策本身不确定性等问题，该政策实施多年来，签约数与实际履约数存在巨大差距，难以继续推动可再生能源发展。

在总结非化石燃料义务政策经验与教训的基础上，英国于 2002 年开始实施可再生能源义务政策，其目的是保障能源供应，实现二氧化碳减排目标。在 2009 年 6 月发布的《英国可再生能源战略》中承诺，到 2020 年可再生能源消费占能源总消费量比例将达到 15%。在此目标下，2010—2011 年英国的可再生能源发电目标为 11.1%；2015—2016 年，这一比例将逐渐提高到 15.4%。

英国可再生能源义务政策自 2002 年以来，经历了一系列的修订。可以看出，政策在逐渐从可再生能源义务制向固定电价制（差价合约）转变。2010 年 4 月，英国政府开始对小型电厂实施固定电价政策，2011 年 7 月，英国发布的《2011 电力系统改革白皮书》中，提出可再生能源义务政策向固定电价政策的过渡方案，预期在 2017 年结束可再生能源义务政策对新上项目的实施。

2017 年，差价合约正式取代了可再生能源义务政策，该制度鼓励新能源的应用。在这一框架下，新能源发电企业按照"执行价格"来向电力供应商出售电力。当电力价格低于执行价格时，供应商将为新能源企业提供补贴；而当电力价格高于执行价格时，新能源企业则要进行偿还。这一机制有助于平衡新能源发电早期高昂的装机成本，在一段时间内稳定电力价格。这种保障新能源投资者收益的做法，也有利于引导资本流入新能源发电领域。

2. 配额主体及目标

2000 年 4 月，英国政府制定出台了的《可再生能源义务法令》，明确了供电商必须履行的责任，即在其所提供的电力中，必须有一定比例的可再生能源电力，可再生能源电力的比例由政府每年根据发展目标和可再生能源实际发展情况及市场情况确定，这实际上是一种配额制，在该法令中具体规定了合格的可再生能源电力的范围和指标要求，主要包括风电、波浪发电、水电、潮汐发电、光伏发电（每月发电量至少达到 0.5MW·h）、地热发电、沼气发电和生物质发电等。

《可再生能源义务法令》和《可再生能源（苏格兰）法令》于 2002 年 4 月开始实行，确立了可再生能源义务政策，义务承担主体是本土的供电企业，2002—2003 年规定的可再生能源电力比例是 3%，以后逐年增加，2007—2008 年的可再生能源电力比例是 4.3%，2008—2009 年的可再生能源电力比例是 9.1%，2010—2011 年的可再生能源电力比例是 10.4%，2015—2016 年的可再生能源电力比例是 15.4%。英国可再生能源义务发电比例见表 2-3。

表 2-3　英国可再生能源义务发电比例

年　　度	比例/%
2002—2003 年	3
2007—2008 年	4.3
2008—2009 年	9.1
2010—2011 年	10.4
2015—2016 年	15.4

可再生能源义务政策于 2017 年被差价合约替代后，直到 2022 年 7 月，英国政府已经宣布了第四轮"差价合约"的项目。英国政府已承诺，在 2025 年之前终止能源系统中煤炭的使用，并且在 2050 年实现碳的净零排放。

3. 运作机制

英国可再生能源市场的监管机构是天然气和电力市场办公室（Office of Gas and Electricity Markets，Ofgem）。作为英国能源领域独立的监管部门，Ofgem 负责可再生能源义务证书（Renewables Obligation Certifications，ROCs）的颁发及整个 ROC 交易体系的运行和监管，包括：确立年度目标；ROC 注册；ROC 核算；ROC 交易；审核供应商是否完成可再生能源义务指标；负责年度可再生能源义务资金的分配，对未完成可再生能源义务供应商的惩罚等。

（1）确立年度目标。每一义务年度开始之前，政府会公布每年供电商总供电量中可再生能源电力需占到的比例。Ofgem 根据英国年度可再生能源义务目标，制定本财年（本年度 4 月 1 日—下一年度 3 月 31 日）的可再生能源义务目标，然后将其分解至每个供电商。

（2）ROC 注册。根据英国 2002 年的《可再生能源义务法令》的规定，所有在英国境内参与可再生能源义务机制的发电商与供电商均必须首先在 Ofgem 进行注册。Ofgem 负责对申请企业的资质进行评定及管理。

（3）ROC 核算。可再生能源义务政策执行初期，根据"技术中性"的原则，无论采用何种技术，符合要求的发电商每提供 1MW·h 的电力均可获得 1 张可再生能源义务证书。2009 年的《可再生能源义务法令（修订案）》开始引入 ROC 分级制度，以促进初期投入成本较高或相对不成熟技术的发展。2011 年英国 Ofgem 公布的《可再生能源义务：发电商指导》中规定，每提供 1MW·h 电力，陆上风电将得到 1 张可再生能源义务证书，海上风电得到 2 张，农作物发电得到 2 张，沼气发电得到 0.5 张，垃圾填埋气发电得到 0.25 张。所有微型发电商（申报净容量在 50kW 以下），无论采用何种技术每提供 1MW·h 电力可得到 2 张可再生能源义务证书。

（4）ROC 交易。得到监管机构颁发的 ROC 许可证后，发电商可以分别出售可再生能源电力和 ROC，也可以将两者打包捆绑出售。供电商则需从发电商或市场中购买 ROC，年底向 Ofgem 上缴规定数量的 ROC 以示完成可再生能源义务。ROC 有效期为两年，即第一年多余的 ROC 可以用于完成下一年度义务时使用。

（5）对未完成可再生能源义务供电商的惩罚。供电商如未能达到电力监管机构规定的义务指标，可以在 9 月 1 日—10 月 31 日期间补交 ROC 许可证或按照买断价格支付罚款，但需缴纳滞纳金。

滞纳金金额＝少上交的金额×本年度 9 月 1 日银行利率×滞纳天数/365。

罚款标准依据消费者指数每年调整，2002 年为 30 英镑/ROC，2009—2010 年的买断价为 37.19 英镑/（MW·h），2010—2011 年则为 36.99 英镑/ROC。

每年义务期结束后，所有罚款会进入特定的基金，并按照电力供应商完成义务的比例重新分配返还电力供应商。因此，ROC 的实际价值为买断价加上基金返还额。

4. 实施效果

从政策效果上看，自 2002 年实施可再生能源义务政策以来，英国的可再生能源电力装机容量提高了数倍。2002—2017 年，英国可再生能源发电量比例从 2% 提高到了 25%。可再生能源义务作为英国可再生能源的主要政策之一，提高了市场分配效率，降低了可再生能源生产成本，使可再生能源更具竞争力和成本有效性，对可再生能源发展起到了一定的促进作用。

可再生能源义务政策也产生了很多的问题，如由于缺乏市场竞争机制，可再生能源发电项目成本居高不下。再如在可再生能源义务特殊的罚金机制下（即所有收到的罚金组成特定基金，按各供电商上交ROCs比例在各供电商中进行重新分配，使得完成配额义务的售电商可以获得未完成配额义务的售电商上缴罚款的资金返还），企业会衡量履行义务和被罚款的机会成本，而选择是否购买ROCs，进而导致证书价格的波动和炒作。

2.2.3 澳大利亚可再生能源配额制

1. 政策基础

1997年，澳大利亚总理发表了题为"安全未来：澳大利亚对气候变化的回应"的演讲，强调推动可再生能源发展。2000年，澳大利亚政府通过《可再生能源法案》发布强制性可再生能源目标，对相关电力批发商规定了购买一定比例可再生能源电力的法定义务。2001年，可再生能源配额制正式运行。澳大利亚是世界上最早持续在全国范围内采用可再生能源配额制的国家。

澳大利亚可再生能源配额制以2010年《可再生能源法修正案》的实施为节点，可分为两个阶段。第一阶段，可再生能源证书单一，风电、生物质发电等低成本可再生能源行业发展迅速；第二阶段，证书交易机制考虑了前一阶段运行中存在的问题，采取多种政策实现了证书多样化，以促进小型可再生能源发电技术的发展。

2000年，澳大利亚《可再生能源法案》规定了强制可再生能源目标。至2010年，每年生产的电力组合中，可再生能源电力应达到9500GW·h，占全国总发电量的12%。在这一政策下，《可再生能源法案》和《可再生能源条例》定义并建立了可再生能源证书交易机制和交易市场，以确保目标实现。2001年4月1日，澳大利亚可再生能源证书系统在全国范围内正式运行，根据规定，所有向电网购电超过100MW的电力批发和零售商应按适当的比例完成义务。可再生能源发电商每额外生产1MW·h可再生能源电力即可获得1单位证书。可再生能源证书可以在义务方或第三方之间，在国家电力市场上进行交易。强制性可再生能源目标时期的证书交易为风能、生物质能等相对低成本的可再生能源发电系统的安装、发展提供了大量金融支撑。

2009年澳大利亚通过新的可再生能源目标计划，确立了到2020年，年增45000GW·h（包括强制可再生能源目标时期的9500GW·h），使20%的电力供应来自可再生能源的目标。2010年6月，对可再生能源目标进行了修正，《可再生能源法修正案》将目标分为大规模可再生能源目标和小规模可再生能源计划两部分。自2001年到2010年底，市场上交易的证书商品统一称作可再生能源证书（RECs）。通过REC注册器对这些证书进行创造和交易，由可再生能源管理办公室管理。多样化的证书交易保证了澳大利亚可再生能源技术的多元化发展，为光伏发电、太阳能热水器、热泵等的安装提供了更大的支持。

2. 制度框架

自2011年1月1日起，证书被分为大规模发电证书（LGCs）和小规模技术证书（STCs）两种。义务主体每年分别购买和提交一定数量的证书。

LGCs由可再生能源发电企业根据在基准线上生产的额外电力，通过网络在可再生能源证书注册器上直接生成，在经过管理办公室确认后可以买卖和提交。新装的小型可再生能源系统取得合格许可后，可申请创造 STCs。因注册、销售过程繁琐，系统拥有人通常分配 STCs 给第三方代理人（例如零售商或安装单位）注册、交易。和 LGCs 一样，STCs 也是通过网络在可再生能源证书注册器上直接生成，经管理办公室确认后方可用于买卖和提交。两种可再生能源证书比较见表 2-4。

表 2-4　　　　　　　　　　　　两种可再生能源证书比较

证　书	LGC	STC
合格实体	太阳能、风能、潮汐能、生物质能等《可再生能源法案》中列出的超过 15 种的可再生能源发电站	符合规定的新装太阳能热泵、热水器；新型小型太阳能、风能、水能发电系统
申请数量	基准（1997 年后运行电站基准为 0）之上的可再生能源发电；1MW·h=1LGC	小型发电系统以不高于 15 年运行周期计算发电量；热水器和热泵以不高于 10 年的运行周期转化发电量；1MW·h=1STC
交易机制	国家电力市场自由交易	国家电力市场自由交易；清洁交易所排队交易
定价方式	市场定价	市场定价（以往为 20～40 澳元）；固定价格（40 澳元）
提交时间	每年 1 月 1 日—2 月 14 日提交；任何时间可自愿提交	按季度提交；2 月、4 月、7 月、10 月各提交一次；任何时间可自愿提交
差额罚款	65 澳元/LGC	65 澳元/STC

可再生能源发电企业除去卖给电网的电力，还可以在开放的市场上将 LGCs 卖给可再生能源配额义务主体，价格由供需双方决定。STCs 代理人为了获得其所有权，会支付给系统拥有人一定的财务利益，如其价值可在系统安装时预先作为补贴。此外，管理机构还专门为 STCs 成立了自愿的结算所。义务主体每年应分别购买并提交满足其义务的 LGCs 和 STCs，否则需要支付差额费。

3. 运作机制

（1）配额目标。大规模可再生能源目标指明了在 2030 年前，每年可再生能源发电站的发电量。每年的可再生能源比例（RPP）依据当年可再生能源发电目标、估算义务主体电力的获得量、前一年证书提交超额或不足量、每年免税证书预期量等由可再生能源管理办公室发布。义务主体适用的年度 RPP 和向电网获得的总电量（MW·h 为单位），决定当年其应购买和提交的证书量。

（2）证书交易。可再生能源发电企业除去卖给电网的电力，可将 LGCs 在开放的市场上交易给有义务的实体，获得额外收益。STCs 代理人为了获得其所有权，会支付给系统拥有人一定的财务利益，如其价值可在系统安装时预先作为补贴。STCs 可在市场上自由交易，此外，管理机构还专门为 STCs 成立了自愿的结算所，作为保障以 40 澳元的固定价格交易 STCs 的中心措施。证书的所有权通过交易人之间的付款合同，直接在线转让。

（3）证书提交。法律要求义务主体每年分别购买并提交满足其义务的 LGCs 和 STCs，提交后的证书不再有效，不可再进行买卖。当年没有提交规定数量的义务主体，需要支付差额费。任何证书拥有者，包括所有者、代理人、义务主体等，可以在任何时间自愿提交证书，从而相对创造更多市场需求，提高证书市场价格。

（4）太阳能系数。太阳能系数（Solar Credits）是额外增加合格的新装小型发电系统产生的 STCs 数量的机制，要求太阳能光伏系统装机容量不超过 100kW，小风电装机容量不超过 10kW，小水电系统不超过 6.4kW，并仅适用于在合适地点（如家庭、公寓住宅、商店等），系统中首先安装的 1.5kW 并网单元或 20kW 离网单元（当立法规定的年度离网目标未达到时）。其根据系统适用的太阳能乘数的倍数，使合格系统在通常情况下所创造的 STCs 数目翻倍，来增加系统可创造的 STCs 总数。除太阳能乘数或系数外，可以申请到的 STCs 数量还取决于地理位置，系统类型、大小、容量等因素。

4. 惩罚措施

每年末，负有义务的电力批发、零售商必须向管理部门上交足够的可再生能源证书，以证实完成目标义务。不达标者，差额以 65 澳元每可再生能源证书处以罚款。澳大利亚可再生能源管理办公室负责对可再生能源发电商进行认证，监管可再生能源证书的执行情况进行年度评估，并对违反法案的行为进行处罚。

5. 实施效果

澳大利亚完善的可再生能源配额制极大地激发了市场的投资意向和发电项目建设，可再生能源占比以每年 1% 的增速稳步上升，目前可再生能源证书涵盖的种类包含太阳能、风电、潮汐能、水能、地热和生物质能（沼气等）。

2.2.4 意大利可再生能源配额制

从政策发展现状和趋势来看，现有意大利的可再生能源政策以可再生能源配额制为主导。意大利配额制政策的提出主要是为了完成欧盟对意大利规定的可再生能源发展义务。配额制最早是在 1999 年颁布的电力改革法令 DL 79/99 中提及，2002 年确定配额制指标，以此推动可再生能源的发展。在十年来的执行过程中对其进行了多次修订。从现有执行情况来看，意大利基本完成了配额指标。

1. 政策基础

根据欧盟 96/92 指令，意大利政府于 1999 年颁布电力改革法令 DL 79/99，对电力工业各个环节进行改革。目前意大利电力和天然气监管局依据相关法规法令对输电系统运营商、配电系统运营商、市场运营商等实施监管，其中配电特许权、电网导则制定等均需意大利工业部授权。意大利的电力市场交换平台由隶属于 GSE 的子公司 GME 负责管理，为财政部全资控股，负责全国电力市场交易以及可再生能源政策的推行。由于石油等化石能源短缺，意大利不允许发展核电，现有电力装机主要以火电和水电为主，可再生能源比例约为 7%。由于意大利电力装机容量小于电力需求量，需从法国、瑞士等国进口大量电力。意大利没有实施完全的输配电网分开，最大的国家电力公司 Enel 在发电、输电、配电环节同时占有较大的市场份额，而且目前的发展也未将发电、输电、配电分开提上日程，之后的发展趋势是私有化程度的提高。但是，意大利已经建立了较为成熟的发电市场和售电市场，有利于可再生能源配额制的实施。

2012 年 7 月，意大利政府发布部级法令，为退出可再生能源配额制及绿证交易和 2015 年后推行新激励政策做过渡准备。

2. 配额主体

由于意大利的销售电价在欧洲最高，对于他国通常采用的承担主体为供电企业的方式，可再生能源的高成本将由所有电力用户分摊，这将进一步推高电价，并不适用于意大利。因此，意大利配额制的承担主体是年发电量超过 100GW·h 的发电企业，同时意大利电力进口比例较大，意大利也将进口量超过 100GW·h 的进口企业列为承担主体。

意大利配额制适用于除光伏发电外的所有可再生能源发电技术类型，包括风电、水电、生物质能发电、地热发电等，同时也包括基于上述技术类型的混合发电技术。对各个具体的发电系统仅有装机容量要求，除风电装机容量要求大于 200kW 外，其他技术类型发电系统要求大于 1MW。2007 年末，意大利对此进行了修改，允许其他装机容量的可再生能源发电运营商自由选择享受配额政策和固定电价政策，但两者不可同时享受。享受上述支持政策的发电系统均应获得意大利能源服务机构 GSE 的可再生能源认证，在申请认证时选择支持政策，并在政策有效期内享有一次改动机会。如果发生改动，新的支持政策有效期应减去已经享受政策的年限。可再生能源发电系统可享受配额制的有效期取决于系统的投运时间，该规定也适用于重建、容量改变和重新投运的系统。

3. 配额目标

意大利实行配额制等可再生能源目标政策的初衷是为了达到欧盟对其提出的可再生能源消费规定，即到 2020 年可再生能源消费占能源消费总量的 17%。由于意大利具有多种可再生能源鼓励政策，因此对可再生能源配额制并未提出一个具体的目标，直接对配额制的承担主体提出了配额指标。意大利配额指标是要求发电商或进口商向电网输送的可再生能源电量占其所有输送电量的比例。意大利的配额指标每三年可由 GSE 进行规划调整，2003—2012 年的配额指标表现为分段线性曲线。2003 年，比例要求为 2%；2004—2006 年，指标每年递增 0.35%；2007—2012 年，指标每年递增 0.75%；从 2012 年开始，配额指标逐年下降，并于 2015 年目标减至 0，退出配额制。

4. 运作机制

意大利可再生能源配额制的运作机制主要是基于可再生能源绿证交易。配额制义务主体通过发出可再生能源电力获得证书或者通过市场交易获得证书，完成配额义务，从而促进可再生能源发展。

（1）绿证。意大利采用绿证计量可再生能源电量，作为配额制承担主体向电网提供一定比例可再生能源电量的证明。每张绿证相当于 1MW·h 的可再生能源电量（早期为 50MW·h），有效期为三年。发电商可通过发出可再生能源电力获得 GSE 提供的绿证，有必要强调的是，未接受固定电价政策的可再生能源发电商发出可再生能源电力均可获得绿证，并可在证书市场进行交易，并非局限于有配额制义务的发电商。获得的证书数量由实际生产电量和技术类型系数相乘得到，各种技术类型系数见表 2-5。通过技

表 2-5　各种技术类型系数

技术类型	系数
陆上风电	1
海上风电	1.5
地热能发电	0.9
水电	1
波浪和潮汐发电	1.8
来自农林业生产的生物质能发电	1.8
垃圾填埋气和沼气发电	0.8
其他生物质能发电	1.3

术类型系数，可实现对不同成本发电技术的差异化激励，避免低成本可再生能源发电技术的集中发展。

（2）证书交易。发电商或进口商为了完成配额义务，可通过如下途径获得证书：①自身发出绿色电力，获得证书；②通过双边交易合同或者交易市场购买证书。意大利的交易市场由 GME 负责协调，每周交易一次，进行交易的证书必须在 GME 进行注册。

（3）运作机制。配额制的目标是鼓励可再生能源发展，本质是补贴高成本的可再生能源发电系统。对可再生能源发电商来说，其运行收入除了可再生能源电力交易收入外，还将获得绿证卖给具有配额义务的承担主体，增加收益。绿证和实际电量分别在不同的市场进行交易。在以发电商作为义务承担主体的情况下，传统能源开发商为了完成配额义务，需要购买可再生能源开发商的绿证。因此，可再生能源开发商的高成本由各个传统发电商进行分摊。

（4）考核机制和处罚措施。对配额制承担主体的义务完成情况考核主要是基于绿证，要求其拥有的绿证所代表的可再生能源发电量占所有电量的比例满足配额指标要求。GSE 每年根据电力改革法令 DL 79/99 对配额完成情况进行考核。因此，每年 3 月 31 日，具有配额义务的发电商和进口商（年发电量超过 100GW•h）应向 GSE 提交证书。根据义务电量和对应证书的确定规则，GSE 对其进行考核。对于没有完成配额任务的发电商或进口商，GSE 将通知政府能源部门 AEEG，由其根据 DL 387/03 进行警告或处罚。

（5）证书回购和直接售卖。意大利的绿证市场由 GSE 的子公司 GME（The Gestore dei Mercati Energetici）监管，一周进行一次。意大利配额制设计的一个亮点是证书回购机制，当市场上的证书数量过多时，GSE 会以去年平均成交价格来进行回购。而当市场上的证书数量短缺时，GSE 会按照近三年的平均交易价格将回购的证书出售到市场中去。

证书回购的本质是当可再生能源发电规模快速增大或配额制义务设置较低时，大量的可再生能源证书难以售出，可再生能源开发商难以收回其较高的发电成本，为了补贴可再生能源开发商，提高其积极性，国家通过回购其证书，对其进行补贴，支持可再生能源发展。

2.2.5　可再生能源配额制交易流程

在国外可再生能源配额制的实施方案中，可再生能源的高发电成本通常由传统能源发电企业或电力用户进行分摊，可通过证书市场交易和电价附加的形式；高输电成本由发电企业或电力用户进行分摊，可通过接网成本和电价附加的形式；高配电成本一般由电力用户进行分摊，可通过售电市场交易或电价附加的形式。可再生能源配额制的成本分摊机制如图 2-1 所示。

配额制义务承担主体的确定直接影响各方利益和运作机制，是配额制的核心问题之一。由于输电和配电环节仅负责可再生能源的电量传输，并不涉及电量购买和销售，无法直接提高可再生能源发展利用比例，不能作为配额制的义务承担主体，但是对配额制的实施具有一定的影响。因此，可作为义务承担主体的仅有发电和供电企业。

按照义务承担主体的不同，国外可再生能源配额制的典型模式主要为两种：以供电企业为承担主体，典型国家包括英国和澳大利亚；以发电企业为承担主体，典型国家为意大利。以英国、澳大利亚、意大利为例，介绍可再生能源配额制的交易流程。

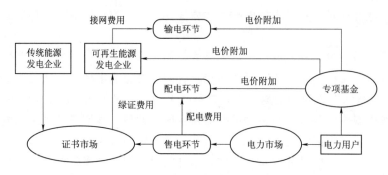

图 2-1　可再生能源配额制的成本分摊机制

1. 英国可再生能源配额制交易流程

英国可再生能源义务政策由国务大臣和商务能源与产业战略部（BEIS）负责制定和推动，由 Ofgem 负责执行，Ofgem 中的 E-Serve 部门负责 ROC 的颁发和整个 ROC 交易体系的运行和监管。符合规定的风电、水电、生物质等可再生能源发电商均可获得 ROCs，供电商是配额义务的考核对象。

可再生能源配额制交易流程具体环节包括：具有相应资质的可再生能源发电企业每月向 E-Serve 报备其预测发电量，E-Serve 向可再生能源发电企业颁发 ROCs；可再生能源发电企业向供电商或中间商出售核发的 ROCs，获得高于市场电价的补贴，ROCs 可以随电量一起出售，也可以单独出售；供电商需从可再生能源发电企业或者市场中购买 ROCs，并在规定期限内向 Ofgem 上缴规定数量的 ROCs，否则将向 Ofgem 缴纳罚金，标准即政府设置的买断价格；Ofgem 将收到的罚金组成特定基金，返还给完成配额的供电商，以鼓励其完成配额义务。英国可再生能源义务制度交易流程如图 2-2 所示。

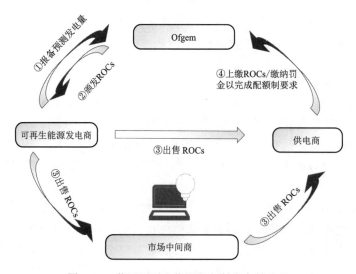

图 2-2　英国可再生能源义务制度交易流程

2. 澳大利亚可再生能源配额制交易流程

澳大利亚可再生能源管理办公室（ORER），负责对可再生能源发电商进行认证，监管可再生能源证书的执行情况。澳大利亚每年规定的可再生能源义务比例（RPP）由OR-ER依据当年可再生能源发电目标、估算义务主体电力的获得量、前一年证书提交超额或不足量、每年免税证书预期量等发布。义务主体适用的年度可再生能源义务比例和向电网获得的总电量，决定其当年应购买和提交的证书量。

LGCs由可再生能源发电企业根据在基准线上生产的额外电力，通过网络在可再生能源证书注册器上直接生成，再经过ORER确认后可以买卖和提交。新装的小型可再生能源系统取得合格许可后，可申请创造STCs。因注册、销售过程繁琐，系统拥有人通常分配STCs给第三方代理人（例如零售商或安装单位）注册、交易。和LGCs一样，STCs也是通过网络在可再生能源证书注册器上直接生成，经ORER确认后方可用于买卖和提交。

可再生能源发电企业除去卖给电网的电力，还可以在开放的市场上将LGCs卖给可再生能源配额义务主体，价格由供需双方决定。STCs代理人为了获得其所有权，会支付给系统拥有人一定的财务利益，如其价值可在系统安装时预先作为补贴。此外，管理机构还专门为STCs成立了自愿的结算所。义务主体每年应分别购买并提交满足其义务的LGCs和STCs，否则需要支付差额费。澳大利亚可再生能源配额制交易流程如图2-3所示。

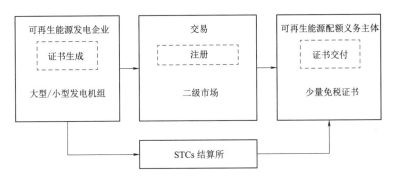

图2-3 澳大利亚可再生能源配额制交易流程

3. 意大利可再生能源配额制交易流程

配额制的目标是鼓励可再生能源发展，本质是补贴高成本的可再生能源发电系统。对可再生能源发电商来说，其运行收入除了可再生能源电力交易收入外，还将获得绿证卖给具有配额义务的承担主体，增加收益。绿证和实际电量分别在不同的市场进行交易。

在以发电商作为义务承担主体的情况下，传统能源开发商为了完成配额义务，需要购买可再生能源开发商的绿证。因此，可再生能源开发商的高成本由各个传统能源开发商进行分摊，从而避免了在以供电商作为义务承担主体下，可再生能源发电高成本由全体用户承担，导致电价升高的情况。意大利可再生能源配额制交易流程如图2-4所示。

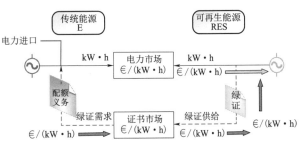

图2-4 意大利可再生能源配额制交易流程

2.2.6　可再生能源配额制要点总结

可再生能源配额制，是政府对电力供应企业的可再生能源电力份额做出的强制性规定。英国、澳大利亚和美国的部分州成功实行了可再生能源配额制，以上三国可再生能源配额制实施的区别主要有：

（1）配额制的具体实现手段不同。作为第一个采用配额制的国家，美国可再生能源配额制的规定主要涉及消费端；英国在可再生能源配额制下可以出售电力和证书两种产品；澳大利亚在配额制的实施过程中施行可再生能源证书制度，以供电企业为承担主体。

（2）配额制实施的证书分层或分类机制不同。美国的做法是为指定的可再生能源给予较高的乘数，一些州还为光伏等设置单独的可再生能源配额要求；英国也推出可再生能源分层制度，对无成本优势的可再生能源给予更高比例数量的证书；澳大利亚则直接将可再生能源证书分为大规模发电证书和小规模发电证书，为光伏发电、太阳能热水器、热泵等安装提供了更大支持。

从上述各国的实践来看，相比于单独执行配额制的政策，配额制与补贴政策配合实施的情况下，可再生能源发电企业通过补贴政策获得基本投资收益的同时，可以出售可再生能源证书获得额外收益，从而更好地实现利益保障。例如，除配额制外，澳大利亚各级政府出台了多种促进可再生能源发展的措施，其中包括扶持小型发电产业的固定电价政策等。同样，美国可再生能源发展也不只依靠配额制，除此之外还有生产退税和投资退税。在美国可再生能源多元化的补贴政策中，联邦政府的投资税减免以及生产税减免等为主导政策，州政府的配额制则为辅助政策，这样做，一方面，稳定性强、确定性高的联邦政府政策为企业的基本收益提供了保障，增强新能源企业投资的信心；另一方面，较为合理的绿证价格不会给配额义务主体造成太大的成本压力，甚至还能激发部分企业单位认购热情，主动承担社会责任。

从各国的实践来看，在配额制实施初期，很多国家设置的可再生能源证书都比较单一，不同可再生能源发电单位获得同样的证书，于是低成本可再生能源更具优势，会得到更快的增长，长期来看，市场会向低成本发电方式倾斜，无益于各种可再生能源技术多元化发展。综上，合理的分层或分类机制是保证可再生能源发展多样化的关键。配额制的实施应充分考虑可再生能源技术类型，完善证书分级或分类方法。

2.3　典型国家（地区）绿证市场发展现状

2.3.1　欧盟绿证市场

欧洲绿证的正式名称源于担保证书（Guarantees of Origins，GO），于 2002 年开始实施，所有欧盟成员以及挪威、瑞士都认可和实施 GO 制度。所有 GO 都要提供有关技术类别和发电项目信息等，可再生能源发电企业和电量购买企业、电力用户可进行双边交易（2017 年之前，GO 可在欧洲能源交易所市场进行开放交易；2017 年之后，只能在发电企业和买方之间进行双边交易），交易可跨境，可与电力销售相互独立。由于 GO 交易所受到的限制较电力市场交易少，欧洲 GO 市场一体化程度高。

操作方式上，欧盟通过 2009/28/EC 指令，要求所有欧盟成员国必须建立国家 GO 登记处，建立了名为欧洲能源证书系统（EECS）的联合标准，并成立发行机构协会（AIB）负责管理。目前，20个欧洲国家符合EECS要求并使用AIB系统。通过各国国家GO登记处，可追踪每一个GO的发行、转让和撤回。如果电力消费者购买了GO，并作为交付或消费绿色电力的证明，则在GO登记处就相应取消GO，避免重复计算。GO有效期为自出具之日起12个月，即颁发的GO必须在12个月内交易或取消，否则证书过期，从系统中撤回。

欧洲GO机制实际是绿证自愿市场，挪威、瑞典等国家同时建立了有配额义务的绿证强制市场，但与GO系统是相互独立的，且明确GO不能用在管控特定电力消费者的配额机制上。

此外，已经获得固定电价（FIT）或溢价（FIP）政策的电量也被排除在GO机制之外，如德国长期以来对可再生能源实施固定电价机制，有资格获得GO的可再生能源电量仅为可再生能源总电量的14%左右。2019年上半年，德国可再生能源电量在其全部电力生产量中占比达到44%，如果德国用电企业或个人想要获得100%可再生能源电力，可行方式之一是购买GO。

鉴于上述原因，德国购买方所购的大部分GO都是从其他国家进口的。GO价格由各可再生能源发电企业确定，近年来GO市场供大于求，价格水平较低，各国之间GO价格差异也较大，如：比利时带有GO的电价比无GO的电价高出 $1 \sim 2$ 欧分/$(kW \cdot h)$；德国则为 $0.5 \sim 0.8$ 欧分/$(kW \cdot h)$；挪威则仅为 $0.2 \sim 0.3$ 欧分/$(kW \cdot h)$。

2.3.2 英国绿证市场

为推动大型可再生能源项目开发以实现政府可再生能源的发展目标，英国自2002年开始实施可再生能源配额制政策，明确指出供电商提供的电力中必须要有一定比例的可再生能源电力，其比例由政府每年根据可再生能源发展目标和实际发展情况确定。同时，引入绿证（ROC）交易机制，旨在通过颁发可交易的ROC提高市场分配效率，鼓励技术创新，提高可再生能源的竞争力和成本有效性。配额制为获得认证的项目提供最多20年的支持。

自2002年英国实施配额制和绿色电力证书交易制度以来，英国可再生能源发电量占总发电量比重已由2002年的不到3%，提高到2015年的24.7%（其中生物质发电8.6%、陆上风电6.8%、海上风电5.2%、光伏发电2.3%、水电1.9%），配额制对于促进英国可再生能源发展贡献巨大。

英国可再生能源发电项目收入一般来自两部分，一部分是需通过参与英国电力市场交易获得的收入，另一部分是可通过绿证交易获得的额外收入。2014年英国日前市场交易平均电价为42.02英镑/$(MW \cdot h)$［约合0.387元/$(kW \cdot h)$］，而绿证价格约为44英镑/$(MW \cdot h)$［约合0.403元/$(kW \cdot h)$］，不同发电技术因单位电量核发绿证数量不同，绿证收入有所差异。

配额制由英国能源与气候变化部（DECC）制定，由英国天然气和电力市场办公室（Ofgem）监管。Ofgem是全英能源领域独立的监管部门，负责整个绿证交易体系的运行和监管，包括：绿证的注册、核算、交易；供应商完成配额的审核；每个绿证买断价格的设定、年度配额资金的分配与未完成配额供应商的处罚等。

根据不同发电技术的成本差异，每兆瓦时电力可获得的绿证数量不同，这在一定程度上促进了某些不成熟技术的发展。Ofgem 每月向符合规定的可再生能源发电商根据其发电量核发绿证，可再生能源发电商可以向电力供应商或交易机构出售绿证从而获得电力批发价格之外的补贴，具体价格由交易双方协商确定。绿证有效期为两年，即本年度多余的绿证可以用于下一年度。

2017 年以后，新建的可再生能源发电项目无法获得绿证收入，转而实施差价合约制度，上网电价近似于固定电价。

虽然英国设计的绿证交易制度基本保障了绿证价格等同于买断价格，但可再生能源发电项目的另一部分收入，即市场售电收入，受电力市场波动性的影响较大。前几年天然气价格高位时，英国电力市场价格上升势头非常明显，居民电价持续上涨。而英国政府允许供电商购买绿证的费用分摊到用户，使得用户电价中的部分电价来源于购买可再生能源电力。然而，近期天然气价格下降较快，电力市场价格下跌趋势明显，但是绿证价格并不会随天然气价格以及电力市场价格下降而降低，导致用户电费中可再生能源电力支出减少幅度不大，引发了用户的不满情绪，希望减少可再生能源电力支出。受陆上土地有限等因素影响，英国当前和未来可发展的主要可再生能源品种为海上风电。海上风电项目初期投资大，建设周期长，投资风险大。而绿证交易制度下，海上风电价格依然会受到电力市场价格（主要由天然气发电价格决定）的影响，不确定性依然较大，增加了海上风电项目的投资风险和项目融资的困难，英国政府迫切希望减少风险锁定收益。此外，英国政府正在积极推进核电建设，作为提高非化石能源消费比重的重要手段，而核电无法参与绿证市场。

基于以上原则，英国政府在《2011 年电力系统改革白皮书》中提出从可再生能源配额逐步向差价合约固定电价政策转移。在差价合约固定电价政策下，可再生能源发电项目、核电项目与英国国有公司 LCCC 签订差价合约，即长期固定电价合同。交易过程中，如果执行电价高于英国电力市场平均电价，则向可再生能源发电企业补贴差额部分。反之，如果执行电价低于英国电力市场平均电价，则发电商需要退还差额部分。这种机制设计，使得电力市场交易价格、支持可再生能源的电费支出要低于绿证制度，用户电价的可再生能源支出部分随之减少。通过在收益方面给予投资者更大的确定性，差价合约能够降低项目的融资成本和政策成本，这显示出英国政府希望为可再生能源的发展提供长期稳定、清晰、预测性强的补贴政策。

2.3.3　美国绿证市场

美国绿证市场运行已有超过 20 年的时间，通过各州政府的推动和市场主体的积极参与，强制市场与自愿市场交易量增加，在促进可再生能源发展、提高绿色电力消费意识方面作用和显现度加大。

美国的强制市场基于电力市场和配额制，被称为规范市场，电力销售企业在特定时间段内需要采购或达到一定比例的可再生能源发电量，很多州以零售电量百分比作为配额标准。电力销售企业可自行生产可再生能源电力，或者从其他可再生能源发电企业购买可再生能源证书，来满足配额标准要求，不能达到要求和完成履约的责任主体会受到相应处罚，如缴纳未履约罚金 [各州金额不等，一般为 10～50 美元/（MW·h）]。目前，美国有多个地区实施了可再生能源强制配额制或非强制的目标要求。在实施强制配额制的 29 个州中，2017 年 100％完成要求的州数占比达到 86％。

相比强制市场，美国的自愿市场供应渠道、购买方式更加多样且机制灵活，通常均附带有可再生能源绿证。目前已经形成规模的方式有 8 种，其中自愿非捆绑可再生能源证书购买方式在总绿证市场中占比最大，接近一半，近年来美国绿证供应量和需求量均有较大幅度增长，由于可再生能源发电成本降幅快，绿证价格下降显著，2015—2017 年降幅超过 50％，2018 年以来相对平稳。

此外，美国建立了绿色电力的追踪机制，通过带有发电主体必要信息（技术类别、项目位置和所属企业、装机容量、建成时间、绿证电量时间等）的唯一可再生能源绿色电力证书编号，在强制市场和自愿市场中，实现了记录绿证、避免重复计算和追踪交易等目标。

2.3.4 绿证市场要点总结

欧洲和美国绿证机制的共同点之一是自愿市场和强制市场并行，不同之处是：美国两个市场既可结合、相互关联运行，也可独立运行，绿证可用于满足两个市场并且通过有效的追踪交易机制避免重复使用；欧洲不但自愿市场和强制市场不交叉，而且两个市场与电价或溢价政策范围也不重叠。参照欧美经验，可通过机制设计和调整来完善适合我国发展情况和需求的绿证交易和管理模式。

根据当前形势，预期"十四五"我国陆上风电、光伏发电成本将基本具备经济竞争力，届时将实现全面去补贴，即发电侧的价格激励政策退出。因此在消费侧，强制性的责任权重机制和自愿性的绿色电力认购机制将对可再生能源电力发展具有长效作用。建议参考国际经验，拓宽绿证交易方式，并探讨跨部门支持政策，如将绿证认购与企业绿色产品认证、税收优惠等逐步关联，形成可再生能源消费氛围，发挥可再生能源绿色消费引领机制的作用。

第 3 章

碳 减 排 机 制

3.1 碳 配 额 理 论 基 础

3.1.1 碳排放权及碳配额

1. 碳排放权及碳配额的概念

碳排放指煤炭、天然气、石油等化石能源燃烧活动和工业生产过程以及土地利用、土地利用变化与林业活动产生的温室气体排放，以及因使用外购的电力和热力等所导致的温室气体排放。碳排放是温室气体排放的总称，由于温室气体中二氧化碳影响最为严重，因此用"碳"作为代表。

碳排放权概念的提出源于大气对二氧化碳等温室气体的环境容量是有限的。环境容量是一种环境缓冲机制，它能够在环境受到外部的不利冲击时维持自身的相对稳定，但是，环境容量并不是无限大，一旦外部的冲击超过环境自身的承受范围，就会对环境造成破坏。对环境容量的使用促进了环境容量使用权的诞生，比如污染权、排放权等。

所谓碳排放权，是指企业依法获得向大气排放温室气体（二氧化碳等）的权利。而碳配额则是指经政府主管部门核定，企业所获得的，一定时期内向大气中排放的温室气体（以二氧化碳当量计）的总量。

2. 碳排放权的特征

（1）稀缺性。随着世界各国对环境问题的重视，许多国家都意识到二氧化碳不能无限量地向大气中排放，许多国家都参与到了减排的行列中来，但是，经济的发展必然会产生二氧化碳的排放，因此，碳排放权成为一种稀缺的资源。

（2）价值性。既然碳排放权具有稀缺性的特征，那么它必然会拥有价值。由于我国目前的碳市场建设还处于初期阶段，因此碳排放权的价值还未充分体现出来，未来，随着碳市场的不断完善和发展，纳入碳交易体系的行业会不断增多，相应的碳交易现货价格也会随之稳步提升，再加上其他碳金融衍生品的交易，碳排放权的价值性将会体现得越来越明显。

（3）可交易性。碳排放权作为一种有价资产具有可交易性。不同地区之间、不同行业之间、不同企业之间肯定会存在减排成本的差异。减排成本大的地区或企业可以向其他减排成本小的地区或企业购买碳排放权，实现整个经济体以最优的方式和最低的成本进行减排，这也是碳市场设立的初衷。

（4）排他性。碳排放权作为一种财产权利，具有排他性的特征。一个企业拥有或者购买的碳排放权，其他企业是没有办法使用的，除非它们向该企业去购买。从这个角度来看，企业拥有的碳排放权属于企业自身的私有财产，具有典型的排他性。

3.1.2 运行机制

1. 碳市场基本运作方式

根据交易产品，碳市场主要分为配额交易市场和项目交易市场。其中配额交易市场又分为强制市场和自愿市场。

碳交易机制的核心思想是建立一个碳排放总量控制下的交易市场，政府通过引入总量控制与交易（Cap and Trade）机制，使控排企业受到碳排放限额约束。如果企业碳排放量超出政府为其设定的限额，则需要通过碳市场购买相应配额，否则将受到处罚；企业也可选择通过技术改造或改善经营等手段减少碳排放，并通过碳市场出售节余的配额而获利。每家控排企业出于自身利益最大化的考虑，会选择对自己最有利的方式实现碳排放达标，或自身减排，或通过碳市场购买配额。相比行政命令机制，碳市场可以使得社会总减排成本更低。碳交易原理如图3-1所示。

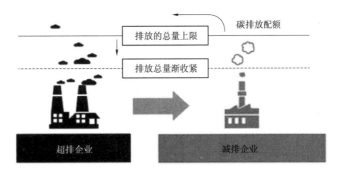

图3-1 碳交易原理

2. 碳交易体系的核心要素

碳交易体系的核心要素包括配额总量，覆盖范围，配额分配，排放的监测、报告与核查（MRV），履约考核，抵消机制以及市场交易。考虑到本书研究内容，此处主要分析介绍配额总量、覆盖范围、配额分配、履约考核模块内容。碳交易体系的核心要素如图3-2所示。

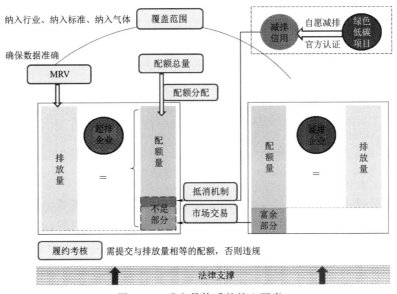

图3-2 碳交易体系的核心要素

（1）配额总量。碳交易的初衷是控制温室气体的排放量，通过设定配额总量确保碳排放权的稀缺性是碳交易的实践前提。配额总量的多少决定了碳市场上配额的供给，进而影响配额的价格。"物以稀为贵"，通常情况下，配额总量越多则碳价越低，总量越少则碳价越高。

配额总量设定的方法通常有两种，分别是"自上而下法"和"自下而上法"，前者的优势是可以根据国家减排目标调节碳交易体系的松紧度，后者的优势是考虑了参与者的具体情况，但是需要有高质量的分行业数据做支撑。配额总量设定的方法如图3-3所示。

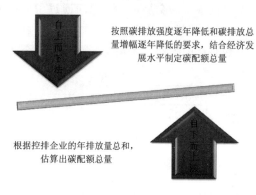

图 3-3 配额总量设定的方法

在现阶段，经济快速增长的发展中国家往往很难设定出绝对量化的碳减排目标。因此，我国碳市场是在综合考虑经济发展要求和温室气体控排目标的基础上，与企业历史排放数据相结合，采用"自上而下法"与"自下而上法"相结合的方法，并遵循适度从紧和循序渐进的原则设定碳市场总量。随着国家低碳战略和减排目标的调整，未来配额总量也会随之改变。我国配额总量设定方法示意如图3-4所示。

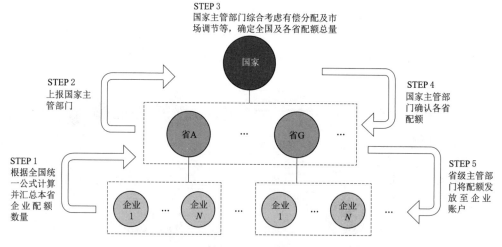

图 3-4 我国配额总量设定方法示意

碳排放总量控制目标是确定全国碳市场配额总量的基础，碳市场配额总量实际上是我国碳排放总量的一部分，两者并不等同。以我国七个碳交易试点为例，碳市场配额总量占各试点地区排放总量的比例不同，一般为40%～60%，这与各试点碳市场纳入行业、企业及其排放特征不同等因素密切相关。

（2）覆盖范围。碳市场的覆盖范围决定了配额总量的多少，由纳入行业、纳入气体和纳入标准共同决定，覆盖的参与主体和排放源越多，则碳交易体系的减排潜力越大，减排成本的差异性越明显，碳交易体系的整体减排成本也就越低。但并不是覆盖范围越大越好，因为覆盖范围越大，对排放的监测、报告与核查（MRV）的要求越高，管理成本也越高，同时加大了碳交易的监管难度。碳市场覆盖范围分类如图3-5所示。

覆盖范围
纳入行业
重点是电力、钢铁、石化等排放密集型的工业行业
纳入气体
以二氧化碳为主的温室气体
纳入标准
类型、数值、对象

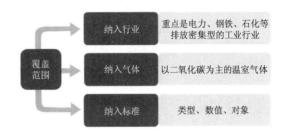

图3-5　碳市场覆盖范围分类

（3）配额分配。配额分配有免费分配和有偿分配两种方式。配额分配方式、配额分配特点分别如图3-6、图3-7所示。

配额分配
免费分配
有偿分配
历史总量法
历史强度法
基准线法
拍卖
固定价格出售
根据企业自身历史排放情况发放配额
要求企业年度碳排放强度比自身历史碳排放强度低
以行业的能效基准确定企业配额分配
由购买者竞标决定配额价格
由出售者决定配额价格

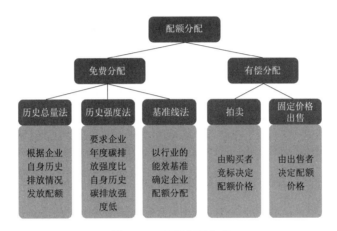

图3-6　配额分配方式

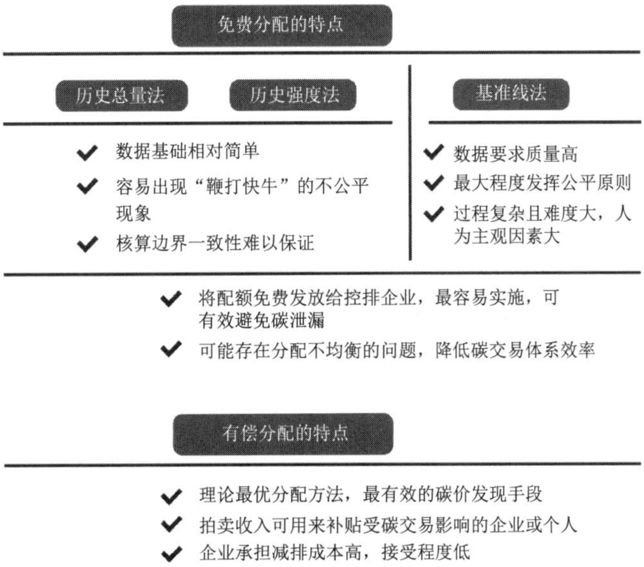

免费分配的特点
历史总量法
历史强度法
基准线法
数据基础相对简单
容易出现“鞭打快牛”的不公平现象
核算边界一致性难以保证
数据要求质量高
最大程度发挥公平原则
过程复杂且难度大，人为主观因素大
将配额免费发放给控排企业，最容易实施，可有效避免碳泄漏
可能存在分配不均衡的问题，降低碳交易体系效率
有偿分配的特点
理论最优分配方法，最有效的碳价发现手段
拍卖收入可用来补贴受碳交易影响的企业或个人
企业承担减排成本高，接受程度低

图3-7　配额分配特点

1）免费分配方式中，最具代表性的是历史总量法、历史强度法、基准线法。

历史总量法。历史总量法以企业过去的碳排放数据为依据进行分配，通常选取企业过去3~5年的二氧化碳排放量得出该企业的年均历史排放量，而这一数字就是企业下一年度可得的排放配额。历史总量法对数据要求较低，方法简单，但忽视了企业在碳交易体系之前已采取的减排行为，同时企业还有可能在市场机制的影响下采取进一步减排行为。

历史强度法。历史强度法以企业历史碳排放为基础，并通过在其后乘以多项调整因子将多种因素考虑在内，如前期减排奖励、减排潜力、对清洁技术的鼓励、行业增长趋势等。历史强度法要求企业年度碳排放强度比自身的历史碳排放强度低。

基准线法。将不同企业（设施）同种产品的单位产品碳排放量按从小到大的顺序排列，选择其中前10%作为基准线（10%为假设比例，不代表具体行业），每个企业（设施）获得的配额量等于其产量乘以基准线值。对于数据基础好、产品单一、可比性较强的行业可采用基准线法分配，如发电行业、电解铝行业等。

2）有偿分配分为拍卖和固定价格出售，前者由购买者竞标决定配额价格，后者由出售者决定配额价格。

（4）履约考核。履约（又称企业合规）包括两个层面内容：一是控排企业需按时提交合规的监测计划和排放报告；二是控排企业须在当地主管部门规定的期限内，按实际年度排放指标完成配额清缴。两者都需要法律法规和执法体系提供强有力的支撑。配额清缴示意如图3-8所示。

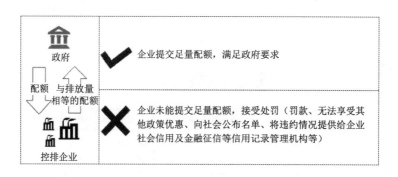

图3-8 配额清缴示意

我国碳交易试点对违约企业的处罚通常包括罚款、无法享受其他政策优惠、向社会公布名单、将违约情况提供给企业社会信用及金融征信等信用记录管理机构等。根据试点经验，罚款的额度取决于立法的形式，如果碳交易试点通过人大立法，则试点地区对违规的处罚有较大的自由裁量权，例如深圳和北京对违规的超量排放分别处以市场价格3倍和3~5倍的罚款；如果碳交易试点立法为地方政府规章，则由于受到地方行政处罚上限的限制，最多只处以15万元的罚款，对违规企业难以起到震慑效果。因此，成熟的碳交易体系需要有较高层级的立法，才可以对违法违规行为采取强有力的处罚手段，确保市场机制切实发挥作用。碳交易未履约处罚方法见表3-1。

表 3-1 碳交易未履约处罚方法

地区	金额处罚	行政处罚
北京	市场价格 3~5 倍的罚款	
天津		3 年内不享受如下政策优惠：银行及其他金融机构对纳入企业提供融资服务和以配额作为质押标的的融资服务；优先申报国家循环经济、节能减排相关扶持政策和预算内投资所支持的项目；享受本市循环经济、节能减排相关扶持政策
上海	5 万~10 万元的罚款	记入信用信息记录向社会公布，取消其享受当年度及下一年度本市节能减排专项资金支持政策的资格，以及 3 年内参与本市节能减排先进集体和个人评比的资格，项目审批部门对其下一年度新建固定资产投资项目节能评估报告表或者节能评估报告书不予受理
重庆	清缴期届满前一个月配额平均交易价格 3 倍的罚款	公开通报其违规行为，3 年内不得享受节能环保及应对气候变化等方面的财政补助资金，3 年内不得参与各级政府及有关部门组织的节能环保及应对气候变化等方面的评先评优活动
湖北	市场价格 1~3 倍的罚款，但最高不超过 15 万元，并在下一年度配额分配中予以双倍扣除	纳入湖北省相关信用记录并向社会公布，不受理其申报的有关国家和省级节能减排项目
广州	在下一年度配额中扣除未足额清缴部分 2 倍配额，并处 5 万元罚款	记入该企业（单位）的信用信息记录，并向社会公布
深圳	超额排放量乘以履约当月之前连续六个月碳市场配额平均价格 3 倍的罚款	将管控单位的信用信息提供给企业信用信息管理机构，并向社会公布，相关职能部门取消管控单位正在享受的所有财政资金资助，5 年内不得批准管控单位取得任何财政资助

3.2 典型国家（地区）碳配额发展现状

3.2.1 欧盟碳配额制

欧盟碳排放交易机制是当前全球正在运作中的最大的碳排放交易机制，它被视为欧盟应对气候变化的最主要法律制度。为实现《京都议定书》所要求的目标，到 2012 年，欧盟要将包含二氧化碳在内的温室气体排放量较 1990 年降低 8%。为此，欧盟首先进行了碳排放权交易的探索，建立了欧盟碳排放交易体系（EU-ETS），并于 2005 年启动运行，迄今已有 27 个欧盟成员国和 4 个国家（英国、冰岛、挪威和列支敦士登）加入，涉及所属国家电力、钢铁、水泥、玻璃等行业，包括约 12000 家能源消耗企业，成为全球最大的碳交易体系。

1. 制度框架

欧盟碳市场的建立并不是一蹴而就的，为了确保碳交易顺利进行，实现温室气体的减排目标，欧盟碳市场发展主要分为探索阶段、改革阶段、发展阶段、创新阶段。欧盟碳市场发展阶段见表 3-2。

表 3 - 2 　　　　　　　　　　　　　　　　欧盟碳市场发展阶段

阶段	探索阶段 2005—2007 年	改革阶段 2008—2012 年	发展阶段 2013—2020 年	创新阶段 2021—2030 年
目标	检验碳交易体系的设计，获得制度经验，为在下个阶段中正式履行《京都议定书》奠定基础	至 2012 年，实现《京都议定书》所签订的降低碳总排放量的 8%	至 2020 年，碳总排放量在 2005 年基础上减少 21%，并促进配额制向拍卖制的转换	至 2030 年，碳总排放量在 1990 年基础上减少 40%
排放许可上限	22.9 亿 t/年	20.8 亿 t/年	2013 年为 19.74 亿 t/年，之后每年下降 1.74%，至 2020 年降为 17.2t/年	碳减排率从 1.74% 调整至 2.2%
覆盖范围	仅包括二氧化碳的排放权的交易；涉及内燃机功率大于 20MW 的企业包括能源行业、钢铁水泥行业、造纸业等	仅包括二氧化碳的排放权的交易；2012 年起将航空行业纳入交易体系	包括二氧化碳等温室气体的排放权的交易；纳入两类新行业；石油化工制品及其他化学品、氨、铝等，与部分因取消原有限值而纳入的行业，包括石膏、有色金属等	包括二氧化碳等温室气体的排放权的交易；涉及能源行业、钢铁水泥行业、造纸业、航空行业、石油化工制品及其他化学品、氨、铝、石膏、有色金属等
配额方式	各成员国提交本国分配方案，由欧盟委员会确定配额总量；配额免费发放，本阶段剩余配额不能转到下阶段使用	各成员国提交本国分配方案，由欧盟委员会确定配额总量；配额分配加入拍卖制，免费发放占总额度的 90%	取消各成员国进行分配提案的方式，总排放量由欧盟确定；超过 50% 的配额采用拍卖方式，电力行业实行完全拍卖制	引入"市场稳定储备"机制，2014—2016 年被拍卖的碳排放额度可储备起来，2020 年之后再放回市场
处罚	处以每标准吨超额排放部分的二氧化碳 40 欧元罚款	处以每标准吨超额排放部分的二氧化碳 100 欧元罚款		

　　第一阶段为探索阶段（2005—2007 年），主要目的是在实践中积累经验，寻找适应欧盟的碳排放交易体系。第二阶段为改革阶段（2008—2012 年），与《京都议定书》的履约时间一致，欧盟重新设定了排放上限，并引入了配额拍卖分配的机制。第三阶段为发展阶段（2013—2020 年），欧盟结合前期经验进行了重大的改革，核心是总量确定和配额方式的改变，碳排放总量的确定取消由各成员国进行分配提案（NAP），由欧盟直接确定，且以拍卖作为基本的分配方式，并赋予了欧盟层面更强的管理职能。第四阶段为创新阶段（2021—2030 年），欧盟为了挽救大幅波动的碳价格，缓解碳供应过剩的问题，修改了每年碳排放的减排率、对绿色能源与低碳技术进行创新，并设立现代化基金支持传统能源的改造。

　　2. 配额目标

　　（1）成员国碳配额分配方式。作为跨区域的碳排放交易体系，欧盟碳排放交易体系的运行要基于各成员国排放二氧化碳的经济体。因此，在欧盟整个减排总量目标的基础上，需要为各成员国及其经济体分解减排目标，并由此分配碳排放权。在欧盟碳排放交易体系的第一阶段和第二阶段，即 2005—2012 年，各成员国及其企业的减排总量目标及碳排放权分配采取分散决策的模式。欧盟碳排放交易体系下成员国确定减排总目标及碳配额分配流程如图3-9所示。

首先是根据《京都议定书》的减排承诺，欧盟委员会确定减排目标确定的标准，再由成员国提出本国的减排及碳配额分配计划。在第一阶段内，由于对各国碳排放情况缺少了解，所以规定，在欧盟减排的标准内，各成员国拥有较大的自由裁量权，甚至有权不执行欧盟委员会关于具体碳排放权分配的方案，而是根据本国的经济和社会环境，确定适合本国国情的减排行业的范围以及各行业的碳排放总量。虽然欧盟委员会2003/87/EC决议未明确设定各成员国碳排放的总量目标上限，但要求各成员国碳排放总量目标的上限之和不得高于欧盟的整体碳排放总量目标，从而形成了对成员国的约束。只有当各成员

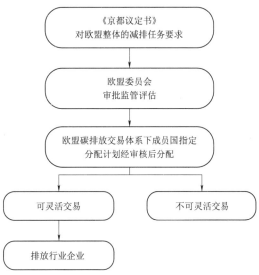

图3-9　欧盟碳排放交易体系下成员国确定
减排总目标及碳配额分配流程

国减排计划被通过后，欧盟委员会才会据此为成员国分配碳排放权。所分配的配额可以自由进行交易。可见成员国减排总量目标分散决策模式虽然给了成员国自由权，但亦进行了约束。虽然欧盟碳排放交易体系第二阶段成员国自由确定碳减排总量目标的自由受到了一定程度的约束，但是本质上仍是分散决策的模式，直到第三阶段相关改革的推进才得以改变。

（2）企业碳配额分配方式。为落实减排的目标，欧盟碳排放交易体系的碳排放配额需要实现从欧盟委员会、成员国、行业和企业四个层次的逐级分配。企业碳排放权的分配为企业间碳排放权交易提供了基础。因此，碳配额的分配方式不仅影响企业减排的经济成本，而且影响着欧盟碳排放交易体系的减排绩效。

1）免费分配碳配额与拍卖碳配额。碳排放权的分配主要有免费、拍卖或者混合（免费与拍卖相结合）三种方式。免费分配碳配额的好处是容易被减排企业接受，因为企业不必付出成本就获得了碳排放权这一资产。因此，采用免费的碳配额分配方式有助于碳排放交易体系的推行。但是正是因为是免费分配而不是企业根据生产情况自己购入的，因此一方面可能会导致分配的配额与企业实际碳排放量出现偏离，使碳配额的供求失衡，另一方面对企业减排的约束力也会减弱。在欧盟碳排放交易体系的第一阶段和第二阶段，企业获得的初始碳配额主要是以免费分配的方式获得的。

2）免费配额分配方式下的祖父原则与行业标准原则

免费给企业分配碳配额仍需要确定以何种标准分配。目前免费配额的分配方式主要有两种，一种是祖父原则（也称历史碳排放准则），另一种是行业标准原则（行业）。祖父原则就是以强制减排企业的历史碳排放数据为基础，根据企业历史碳排放量占该国历史碳排放总量之比，来计算应该免费分配给企业的碳配额，即欧盟碳排放交易体系中的企业所免

费获得的碳配额等于该企业历史上实际的碳排放量占全国历史上的实际碳排放总量之比与全国碳排放配额总量的乘积。该分配方式假设每个强制减排企业的减排能力达到了全国的平均水平，从而各企业碳排放量占全国碳排放总量之比保持不变。行业标准原则是指根据纳入碳排放交易体系每个行业的平均碳排放水平，在根据减排目标加权后，据此成为该行业每个强制减排企业可以免费获得的碳配额。在欧盟碳排放交易体系的第一阶段和第二阶段，企业免费碳配额主要以祖父原则发放，行业标准原则只是一个补充。

3. 交易机制

欧盟碳市场实行总量控制与交易机制，采用历史法，根据各成员国前几年的碳排放量，将已确定的减排目标以配额的形式分配，若企业的配额大于实际排放量，则剩余的配额可以选择保存或出售，反之就需要从碳交易市场上购买其他成员的配额或参与拍卖，另外还可购买清洁发展项目（CDM）获得核证的减排量（CERs）和自愿减排项目的核证减排量（VER）进行抵消。为保证碳市场的公平真实，欧盟碳市场实行监测、报告与核查（MRV）制度，通过核查后的排放报告提交碳交易管理机构审核。各成员国的碳排放配额均保存在统一的碳交易系统中，登记注册后，系统能够跟踪碳交易配额的流转情况、各账户的履约情况，欧盟碳交易管理机构将在网站上公布国家配额分配、交易量与交易类型等信息。欧盟的立法伴随着碳市场三阶段的发展，自 2003 年 10 月颁布《指令 2003/87/EC》建立欧盟范围内的排放机制后，又相继颁布了《指令 2004/101/EC》《指令 2004/280/EC》《指令 2009/29/EC》等法规为碳市场改革作保障。

3.2.2 英国碳配额制

长期以来，英国一直是国际碳定价发展的倡导者。英国于 2002 年建立了欧洲的第一个碳排放交易系统，并将伦敦作为全球碳交易中心。2021 年 1 月，英国碳排放交易系统（UK-ETS）的推行也力图为实现零碳目标发挥重要作用。为加大应对气候变化力度，英国政府于 2020 年 12 月宣布了该国减排温室气体的新目标：与英国 1990 年的温室气体排放水平相比，计划到 2030 年将温室气体排放量至少降低 68%。

1. 政策基础

脱欧后的英国于 2021 年 1 月推行本国的碳排放交易系统，作为承诺 2050 年实现净零排放目标的一部分，UK-ETS 的设计力图表现出英国在应对气候方面更大的决心。UK-ETS 的实施将分阶段进行，其中第一阶段为 2021—2030 年，第二阶段为 2031—2040 年。英国政府将会在 2023 年对碳排放交易系统进行初步审查，以评估系统在 2021—2025 年前半阶段的表现，并于 2026 年之前完成对系统设计方案的必要调整。2028 年开始将全面评估系统在第一阶段的整体表现。纳入碳排放交易系统的行业类型包括能源密集型工业、发电行业和航空业。具体包括所有额定功率超过 20MW 的化石燃料发电机组（危险品或城市垃圾焚烧装置除外），以及诸如炼油业、重工业及制造业等部门化石燃料燃烧的排放。

2. 配额目标

UK-ETS 的配额发放仍然采用拍卖的方式。但为了保障 UK-ETS 的竞争力，降低碳泄漏风险（海外投资生产导致的相关排放），部分比例的配额将会免费发放，碳排放交易系统新纳入企业以及产能增加的企业也将获得免费配额。

　　免费配额的初始发放量依据"历史活动水平×基线排放数据×碳泄漏暴露因子"的方法进行核算。式中：历史活动水平可参照欧盟碳排放交易系统第四阶段（2021 年启动）2019 年国家实施措施方案（NIM）中的数据，新纳入企业历史活动水平数据参照正常经营情况下的首个全年度活动水平数据；基线排放数据参照欧盟碳排放交易系统第四阶段的基线数据；碳泄漏暴露因子可参照欧盟碳排放交易系统第四阶段碳泄漏清单中的默认值。

　　为表明本届英国政府对解决气候问题更大的决心，UK-ETS 设定的总排放上限将比英国在欧盟碳排放交易系统第四阶段时预设的排放总量低 5%，该 5% 的排放削减量将从碳排放交易系统拍卖总量中扣除。

　　按照这个设计，2021 年包括航空业在内的配额发放总量大致为 1.56 亿 t，之后逐年将减少 420 万 t。免费配额最终发放量将考虑免费配额的总量上限，2021 年的免费配额总量大致为 5800 万 t，之后逐年减少 160 万 t。

　　3．交易机制

　　为确保碳价的平滑连续性，英国政府将在碳排放交易系统运行的最初几年里对配额价格设定一个过渡性拍卖底价，底价为 15 英镑（名义价格）。在碳排放交易系统运行的第一年和第二年里，UK-ETS 的成本控制机制将通过压低价格的方式防止碳价剧烈波动，随后第三年将恢复为欧盟碳排放交易系统的价格控制机制设计。

　　对于不被纳入 UK-ETS 的排放实体，政府也设立了相关制度和豁免标准。对于小型企业及医院，若年排放量低于 2.5 万 t、机组额定功率低于 35MW，将被清退出碳排放交易系统；而年排放量低于 2500t 二氧化碳的超小企业则不被纳入碳排放交易系统。对于航空业而言，如果商用飞机运营商在全年 3 个时段中（1—4 月、5—8 月、9—12 月），每个时段的运营数量都少于 243 个航班，或正常运营情况下年总排放量低于 1 万 t 二氧化碳的航班，则可以不受配额清缴的制约。如果非商用飞机运营商正常情况下的年二氧化碳排放总量低于 1000t，也可以不受配额清缴的制约。

　　关于抵消机制，UK-ETS 目前还不允许使用国际碳信用。由于抵消机制在实施前需制定出严格的标准并对其有效性进行评估，这需要耗费大量的时间，而这些工作在 2021 年 1 月 1 日碳排放交易系统正式推行前不可能完成。同时，政府还必须制定出一套能降低抵消机制对碳排放交易系统环境整体性影响的应对方案。

3.2.3　美国碳配额制

　　作为《京都议定书》的签字国，2001 年 3 月 29 日，美国总统布什以削减温室气体影响经济和发展中国家没有承担减排义务为由，宣布退出《京都议定书》。但是，2002 年 2 月，美国出台的气候政策声称依赖国内自愿行动在未来 10 年将"温室气体排放强度"降低 18%。随后，"区域温室气体倡议""西部气候倡议"、芝加哥气候交易所等区域性气候变化合作组织得以建立和运作，跨区域、多层次的碳排放交易体系形成。

　　1．政策基础

　　于 2009 年 1 月 1 日正式实施的区域温室气体减排计划（Regional Greenhouse Gas Initiative，RGGI）是美国第一个强制性的、基于市场手段的减少温室气体排放的区域性行动，由美国纽约州州长乔治·帕塔基于 2003 年 4 月创立，旨在以最低成本减少二氧化碳排放量，同时能鼓励清洁能源发展。

使 RGGI 得以确立的法律基础为"谅解备忘录"和"标准规则"。"谅解备忘录"对 RGGI 的形成和施行发挥着实际的调节作用，然而由于美国宪法中协定条款的规定，它不具有法律约束力。"标准规则"是指 RGGI 各成员州将"谅解备忘录"以法律形式予以细化，各州通过立法机关赋予"标准规则"法律或者行政法规的法律性质。"标准规则"确立了 RGGI 的立法宗旨和目的：第一，以最经济的方式维持并减少 RGGI 成员州内二氧化碳的排放量；第二，强制性纳入规制对象的是以化石燃料为动力且发电量在 25MW 以上的发电企业，各州至少要将 25％的碳配额拍卖收益用于战略性能源项目；第三，为美国其他地区和其他国家带来示范的模板效应。

目前，RGGI 的成员州包括康涅狄格州、特拉华州、缅因州、马里兰州、马萨诸塞州、新罕布什尔州、新泽西州、纽约州、罗得岛州、佛蒙特州。宾夕法尼亚州拟在 2021 年加入 RGGI。弗吉尼亚州也在为加入 RGGI 进行前期准备。

2. 配额目标

"谅解备忘录"基于 RGGI 覆盖州内发电行业二氧化碳排放数据、各州历史排放量、潜在的排放源等，制定出碳排放交易的总量。"标准规则"在初始分配时以拍卖的方式分配碳配额，配额的拍卖以每个季度为单位举行。为了防止市场中的不正当竞争行为，"标准规则"对每个竞标者设定了获得配额的上限，即在每次拍卖中最多可购买拍卖中配额数目的 25％。2013 年起，RGGI 提出了以缩紧配额总量和更改成本控制机制为核心的改革方案，该方案自 2014 年起每年的配额数量削减了 45％以上。受此方案刺激，萎靡多年的 RGGI 碳市场重新焕发活力，市场价格稳步上扬。

3. 监测方式

为了能正确评估减排主体实际所需的排放总量，独立有效的排放监测、报告、核证系统是 RGGI 体系不可或缺的元素。首先，减排主体要根据《美国联邦法规》第四十章第七十五条的规定，安装符合要求的监测系统，完成监测系统的试运行，按季度在规定的期间内向主管机构提交监测报告。其次，排放主管机构要记录每个减排主体配额分配、转让情况，并对企业排放报告检测方法、程序和内容进行审查、核证。最后，RGGI 引入统一的碳排放交易平台，即二氧化碳配额追踪系统（COATS）和独立的第三方核证监督机构，对初级市场的拍卖和二级市场中的市场交易行为进行监督、核证。

4. 履约机制

RGGI 规定减排主体可以通过碳抵消项目实现减少二氧化碳排放量的义务，使减排主体以成本最低化履行减排义务与国际碳减排市场相衔接。第一，减排主体可以针对电力以外的其他部门，利用碳排放交易以外的项目，对其他污染气体进行减排或封存。第二，RGGI 规定合格的碳抵消项目可以在 RGGI 成员州或美国境内同意对碳抵消项目管理监督的非成员州进行。第三，为防止碳抵消项目对总量控制与交易市场造成冲击，"标准规则"对 RGGI 各参与州碳抵消项目的比例做出了规定。第四，潜在的碳抵消项目投资者必须提交申请，并注册二氧化碳配额追踪系统，以使碳抵消项目和碳交易项目统一纳入追踪监测系统。

3.2.4　澳大利亚碳配额制

2015 年 7 月 1 日正式建立澳大利亚国际碳市场（Carbonemission Trading System，

ETS)，澳大利亚成为继欧盟和新西兰之后第三个在国内引入 ETS 的发达国家。2012 年 8 月 28 日，澳大利亚又与欧盟达成协议，2015 年 7 月 1 日开始对接双方的碳排放交易体系。2018 年 7 月 1 日后完成对接，届时双方互认碳排放配额，碳排放价格也将一致。因此，澳大利亚极有可能成为全球第二大碳市场。通过对澳大利亚 ETS 的设计、筹建、特色、与国际碳市场对接等方面进行研究分析，能为我国碳市场提供借鉴。

1. 政策基础

2007 年 12 月，澳大利亚政府正式签署《京都议定书》后，积极参与到全球减排行动的国际协商中，本国也开始制定长期减排的气候变化政策，不断提出更高的温室气体减排目标。目前澳大利亚温室气体减排目标有短期、中期和长期三个，其中：①短期是 1997 年《京都议定书》第一承诺期（2008—2012 年）的要求，即到 2010 年，所有发达国家二氧化碳等 6 种温室气体的排放量，要比 1990 年减少 5.2%，而澳大利亚承诺到 2012 年排放量不超过 1990 年水平的 108%；②2008 年 12 月，面对《京都议定书》第二承诺期（2013—2020 年），澳大利亚政府宣布了 2020 年的中期减排目标，进一步承诺到 2020 年，本国温室气体排放在 2000 年的基础上减少 5%～15%，若国际社会能达成并签署温室气体全球性的减排协议，这一比例可调整为 25%；③2011 年，澳大利亚政府又提出温室气体 2050 年长期减排目标，即到 2050 年温室气体排放量在 2000 年的基础上减少 60% 的目标。

为实现上述目标，2011 年 2 月，澳大利亚宣布引入固定碳价机制（CPM），由于 CPM 打破了 CPRS 一步到位引入碳交易机制的做法，先实施 3 年的过渡性的固定碳价机制。2015 年 7 月 1 日起再实施碳排放交易机制，同时为减轻企业、消费者的负担附有一系列财政补偿计划，2011 年 11 月 8 日，澳大利亚国会通过了包含 CPM 的《清洁能源法案》，政府预计全套计划的实施可在 2020 年削减 1.59 亿 tCO_2-e 的碳排放量，与 2000 年相比可以实现减排 5% 的目标。《清洁能源法案》确立了澳大利亚将通过实施碳税、碳排放交易机制来减少碳排放污染，成为澳大利亚碳配额制度的政策基础。

2. 配额目标

澳大利亚一开始是计划实行 3 年的过渡性 CPM，但 2014 年新政府上台后，工党推行的碳定价机制被保守党的减排基金（Emission Reduction Fund）取代。排放配额分配首先采取的是以免费为主、拍卖为辅的模式。碳排放密集且面临国际竞争压力大的企业，如炼铝、炼锌、钢铁制造、平板玻璃、纸浆/造纸、石油炼化等约 40 类行业企业，可以免费获得其所需碳排放许可总额的 94.5%，碳排放较小的企业也可以获得 66%。澳大利亚为了使出口产品不因 CPM、ETS 的实施而处于不利竞争地位，CPM 规定，凡是属于碳密集性出口（Emissions Intensive Trade Exposed，EITE）的企业将获得较高的免费碳排放配额，这即是 EITE 援助计划（EITE Assistance Program，EAP）。若企业在 2004—2008 年中的任一年，生产的产品出口额度占到该企业生产总产量的 10%，或企业在整个行业中的加权平均排污密度超过 $1000tCO_2-e$/每百万美元收入或 $3000tCO_2-e$/每百万美元增值的情况下，都符合 EAP 的基本要求，可以免费申请获得其碳排放许可总额 94.5% 的配额。

在碳交易机制实施的初期，实行以免费为主、拍卖为辅的碳配额制度，可以消除 CPM、ETS 对企业生产成本的影响，保护澳大利亚的投资和就业，有利于各行业逐渐熟悉、接受、加入 CPM 和 ETS。

自 2015 年 7 月 1 日起，澳大利亚逐渐降低免费配额比例，增加拍卖比例，最终实现全部行业的完全拍卖。届时超过额定排放的企业必须通过 CPM 和 ETS 购买澳大利亚排放单位（Australian Carbon Credit Units，ACCUs），或通过海外交易购买国际碳信用额度（CERs、ERUs），为自己的额外排放支付更多的费用，体现了污染者付费原则。同时节能减排有盈余的企业，也可以在碳交易市场出售自己的排放单位获利。因此，在经济利益的驱使下，企业会根据市场交易中排放单位价格的不同而相应地调整自己的经济活动，从而实现减排的目的。

3. 价格机制

根据《清洁能源法案》，澳大利亚碳价格的形成分以下三步：

第一步为固定价格阶段。2012 年 7 月 1 日—2014 年 6 月 30 日实施固定碳价，2012—2013 年为 23 澳元/$tCO_2 - e$（约合 24.7 美元、人民币 150 元），之后的两年按物价指数每年提高 2.5%，即 2013 年 7 月—2014 年 6 月增至 24.15 澳元/$tCO_2 - e$。企业将被要求按以上固定价格购买碳排放许可，2012 年 8 月，澳大利亚宣布其碳市场将与 EU-ETS 进行链接：2015 年 7 月建立部分链接，澳大利亚可单方面进口 EUA；最晚 2018 年 7 月 1 日实现完全链接，建成统一市场。

第二步为碳交易价格浮动阶段。自 2015 年 7 月 1 日起，澳大利亚建成碳排放交易系统后，将通过碳排放配额拍卖等方式，实现碳价市场化、灵活化，固定价格机制也将过渡为上下限约束的弹性价格机制，其最高限价将高于国际预期价格，为 20 澳元/$tCO_2 - e$，每年实际增长 5%。同时为保持市场活力，澳大利亚政府规定，碳价格的最低限价为 15 澳元/$tCO_2 - e$，每年实际增长 4.3%。

第三步为完全市场浮动阶段。自 2018 年起，由有上下限约束的弹性价格机制过渡到完全由市场决定碳价格，届时还将与国际上其他碳市场接轨，碳排放价格也将与国际碳市场一致。

这种从固定价格到完全放开的渐进式碳价格机制，在碳排放交易机制建立初期，可以使澳大利亚的碳价格具有一定的稳定性，避免像 EU-ETS 那样由于排污许可证供过于求而令碳价跌至谷底。

3.2.5 碳配额交易流程

联合国政府间气候变化专门委员会于 1997 年 12 月在日本京都通过了《公约》的第一个附加协议，即《京都议定书》。《京都议定书》把市场机制作为解决二氧化碳为代表的温室气体减排问题的新路径，即把二氧化碳排放权作为一种商品，从而形成了二氧化碳排放权的交易，简称碳交易。

碳排放通过配额初始分配进入一级市场，若排控企业排放量超过配额，则需要在碳交易市场上购买碳配额或者 CCER 以超出市场价几倍的价格缴纳罚款，前者即之后在二级市场上进行流通和转让。

1. 市场结构

根据交易产品，国际碳交易市场主要分为配额交易市场和项目交易市场。其中配额交易市场又分为强制交易市场和自愿市场。强制交易市场为温室气体排放量超过上限标准的国家或企业提供交易平台来完成减排目标，其主要产品有 EU-ETS 下的欧盟配额（EU-As）和《京都议定书》下的分配数量单位（AAUs）；自愿市场则在强制交易市场建立之前就已出现，其代表是芝加哥气候交易所 CCX，基于项目的交易主要有清洁发展机制（CDM）下的核证减排量（CERs）以及联合履行机制（JI）下的减排单位（EUAs）。上述市场为碳排放权交易提供了基本的框架。基于配额的市场具有排放权价值发现的基础功能。配额交易市场决定碳排放权的价值。碳交易机理如图 3-10 所示。

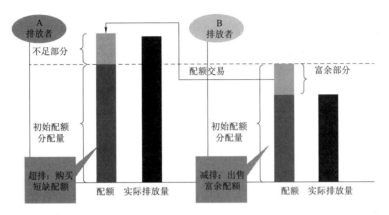

图 3-10　碳交易机理

2. 市场参与者

国际碳交易市场的参与者可以分为供应方、最终用户和中介机构等三大类，涉及受排放约束的企业或国家、减排项目的开发者、咨询机构以及金融机构等。在碳交易市场中，金融机构（包括商业银行、资产管理公司以及保险公司等）扮演着重要的角色，不仅为交易双方提供间接或直接的融资支持，而且直接活跃于国际碳交易市场。碳交易市场的参与者如图 3-11 所示。

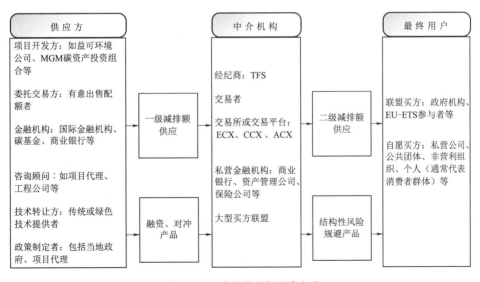

图 3-11　碳交易市场的参与者

3. 碳交易初始配额分配

一般通过拍卖的方式发放排放权配额，政府定期举行配额的公开拍卖，由出价最

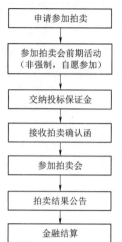

高者获得排放权配额。拍卖在一定程度上弥补了免费发放的祖父原则所导致效率和公平的缺失，可以更好发挥出碳交易市场有效配置减排资源的作用。交易配额拍卖操作流程如图 3 - 12 所示。

4. 碳交易价格

配额交易创造出了碳排放权的交易价格，当这种交易价格高于各种减排单位的价格时，配额交易市场的参与者就会愿意在二级市场购入已发行的减排单位或参与 CDM 与 JI 交易，来进行套利或满足监管需要。这种价差越大，投资者的收益空间越大，对各种减排单位的需求量也会增大，这会进一步促进新技术项目的开发和应用。

图 3 - 12 交易配额拍卖操作流程

3.2.6 碳配额制要点总结

对前文所述国家和地区的碳配额制发展进行总结，得到碳配额的分配主要有免费、拍卖以及混合（免费与拍卖相结合）的分配方法。

从前文所述国家的碳配额制发展实践中分析，由于企业的市场地位有差别，且政府一般很难通过调节市场来改善，所以免费配额方式虽然便于企业接受，但欠公平。因为垄断企业通过免费的配额可以获得额外利润，竞争企业却要承受更多的经济负效应。

拍卖可以完全借由市场的手段使得最终碳配额的价格处于它应有的水平。但同时由于拍卖法导致价高者得的缘故，使得行业内的寡头更容易掌控行业资源最终导致赢者通吃的现象。为避免出现这种现象唯有增加市场上配额拍卖的总量，但这又与低碳减排的初衷相违背。但拍卖相较于其他分配方法也有它公平的一面，拍卖并不歧视新进入市场的初创企业，只要参与拍卖的企业有足够的资金就可以获得相应的碳配额。而拍卖更能维持 ETS 的公平性并能起到稳定市场价格的积极作用，更为重要的是拍卖能有效抑制政府部门的"寻租"行为。

我国碳排放权交易机制尚处于起始阶段，在保证新制度顺利实施的同时，还要考虑其可持续性，将拍卖与免费分配方法结合起来，即部分配额采取免费分配的方式，其余部分采用有偿购买的方式是一种参考价值较大的配额方式。在这种方式下，不同地区和国家免费分配的占比会有所不同，个别地区还要乘以地区自身的经济因子用来调节。有偿购买的碳配额价格也有多种方式，一般为：初期政府定价；发展阶段政府设定最低价格和浮动限度以及逐年的上调范围；后期演变为拍卖制度，即前文所述国家普遍采取的一种市场化配额交易制度。大多数国家免费分配所占的比例也会逐渐降低，最终形成完全由市场掌控的拍卖制度。拍卖与免费分配相结合，并随着碳交易的市场化逐步放开拍卖，减小政府分配所占比例，在我国碳交易机制发展初期具有重大的积极意义。

3.3 典型国家（地区）碳市场发展现状

3.3.1 美国碳市场

美国区域温室气体减排计划（RGGI）是美国第一个基于市场强制性的区域性总量控制与交易的温室气体排放交易体系，是由美国东北部和大西洋中部的 11 个州包括康涅狄格州、特拉华州、缅因州、马里兰州、马萨诸塞州、新罕布什尔州、新泽西州、纽约州、罗得岛州、佛蒙特州和弗古尼亚州共同签署建立、联合运行的合作项目，2009 年正式启动（弗古尼亚州于 2021 年正式加入 RGGI），旨在限制和减少电力部门的二氧化碳排放。

1. 覆盖行业

纳入 RGGI 体系的是 25MW 以上的化石燃料电厂，总共超过 160 家。RGGI 的每个履约期为 3 年，第一履约期为 2009—2011 年，第二履约期为 2012—2014 年，第三履约期为 2015—2017 年。RGGI 的前两个履约期为稳定期，也就是在这一时期各成员州的配额总量保持不变，从 2015 年开始，碳配额总量每年下降 2.5%，至 2018 年累计下降 10%。2017 年 RGGI 设置的配额总量为 8430 万 $tCO_2 - e$。

2. 分配方式

RGGI 是首个完全以拍卖方式分配配额的总量控制与交易体系。拍卖以季度为单位进行，3 年为一个控制期，每个控制期进行 12 次拍卖，采取的是统一价格、密封投标和单轮竞价的拍卖方法。RGGI 各州通过拍卖来出售几乎所有的碳排放配额。配额的初始分配以季度为单位进行拍卖，每次拍卖的量为总量的 25%。2008 年 9 月—2017 年 12 月，RGGI 共进行过 38 次拍卖，拍卖价格区间为 1.86～7.5 美元。RGGI 认为拍卖能够保证所有的主体以统一的方式获得配额，同时，通过拍卖配额而不是免费发放，可以实现配额价值在能源项目的再投资，从而使消费者获益，同时有利于清洁能源经济的建立。采取拍卖的方式分配配额可能会给企业造成过重的负担，从而使得企业不愿积极地参与碳市场。而电力企业由于成本容易向下游消费者转嫁，碳市场对企业造成的负担不会过重。

3. 灵活全面的价格调控

RGGI 采取了不同类型的措施以稳定价格，释放有效的、可预见性的价格信号，包括以下三种类型。

第一，延长时间框架的机制，即安全阀机制，包括履约期安全阀和抵消机制安全阀。在履约期安全阀的作用下，如果碳价格在初次分配后过高，市场有充足的时间来消化价格失效的风险，并逐渐将碳价格调整到最优，而抵消机制的安全阈值可以避免供求关系的严重失衡。

第二，基于价格的机制，即拍卖保留价格。RGGI 规定在每次拍卖中均需要使用保留价格，防止碳市场中参与者的共谋行为使得拍卖价格过低。

第三，基于供给的机制，包括成本控制储备机制（CCR）和排放控制储备机制（ECR）。CCR 由配额总量之外的固定数量的配额组成，只有在碳价格高于特定的价格水平的时候 CCR 配额才能被用于出售，此时 CCR 配额将以 CCR 触发价格或高于该价格的水平出售；ECR 在价格下限之上设定了阶梯价格，每一个阶梯价格对应着当碳价格低于阶梯价格时不进入市场的配额数量，ECR 机制的作用是减少配额供给，从而防止碳价格过低。

4. 完善的监测和监督机制

RGGI 通过连续排放监测系统、配额跟踪系统及交易市场监控系统保障监测和报告的准确性。

连续排放监测系统（CEMS）。据 RGGI 的要求，参与碳交易的电厂排放数据使用 CEMS 的监测数据，由各州环境监管机构负责，按季度上报到美国环保署数据采集平台。

配额跟踪系统（COATS）。COATS 为在线电子交易平台，可以对一级市场的拍卖和二级市场中的所有交易数据进行监管、核证，记录和跟踪各成员州的碳预算交易计划的相关数据，公众也能够查看、定制和下载配额市场和 RGGI 计划的报告。

交易市场监控系统。专业、独立的市场监管机构（PE）受 RGGI 委托，负责监管一级市场拍卖及二级市场的交易活动，定期发布拍卖报告和二级市场报告，目的在于保护和促进市场竞争，同时增强各成员州、参与者和公众对配额市场的信心。

5. 拍卖收益再投资

RGGI 通过拍卖获得的收入被用于战略性能源项目和消费者项目，包括：第一，能效提高项目，旨在改善消费者的能源使用方式，提高能源使用效率；第二，清洁和可再生能源项目，以促进清洁和可再生能源设备和技术的普及和提升；第三，温室气体减排项目，包括促进能源技术的开发，减少车辆行驶的里程，减少其他部门的温室气体排放等；第四，直接账单援助，主要针对低收入家庭和小型企业，以减轻其因冬季燃料成本上升而带来的经济压力。

3.3.2 欧盟碳市场

欧盟碳排放交易体系作为欧洲气候政策的基石，近年来因为政策改革收紧供给，碳配额价格不断上涨，总排放量也逐年下降，主要以电力行业减排为主。2021 年 4 月，欧盟就《欧洲气候法》达成了初步协议，"2030 年减排 55％以上、2050 年实现碳中和"的新目标提升了市场参与者的信心，碳价上升至接近 50 欧元/t。在碳价推动之下，虽然自年初以来碳价上涨的部分原因是履约期效应和寒冷天气推动能源价格上涨，但主要因素还是因为更有雄心的气候目标使得欧洲排放企业更加意识到碳价成本和配额的稀缺，同时激励机构投资者更加积极参与碳市场。2021 年 6 月，欧盟将提出多项进一步改革碳市场的提案，包括碳边境调节机制、扩大碳市场覆盖行业等，都会对欧洲碳市场未来的供给需求产生影响。长期来看，决定碳价的重要参数仍然是减排成本。

欧洲碳市场建立于 2005 年，在 30 个国家运行（包括 27 个欧盟成员国，以及冰岛、挪威和列支敦士登）并于 2020 年和瑞士链接，纳入了 11000 个固定排放设施以及上述国家内的航空公司，覆盖欧盟 45％的温室气体排放。英国脱欧之后，已经于 2021 年退出 EU-ETS，实施单独的碳交易机制。近年来，随着欧洲气候能源政策的实施，低碳转型力度加大，碳市场的排放量逐年递减。2021 年 4 月，欧委会公布的官方数据显示，2020 年 EU-ETS 排放量因为疫情影响和高碳价推动电力行业减排大幅下降 13.3％，电力行业和工业部门排放量下降 11.2％，航空业下降 64％。2008 年以来欧洲碳市场分行业的年度排放量如图 3-13 所示。

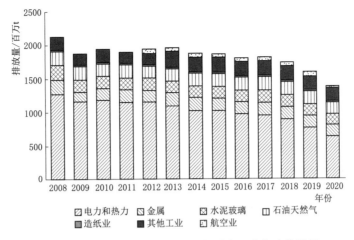

图 3-13 2008 年以来欧洲碳市场分行业的年度排放量

自 2021 年年初以来，欧洲碳价涨势迅猛，多次连续突破新高。原因为欧洲碳市场第四期的拍卖延期至 2021 年 1 月底才开始，短期配额供需失衡，叠加寒潮推高能源电力需求，欧洲火电发电量上升，进一步提高配额需求，碳价陆续上涨。同年 2 月初，伦敦金融时报的报道引用了基金经理的预测，预期碳配额价格年底涨至 100 欧元，这更加推动了市场的情绪。与此同时，交易所的公开持仓数据也说明机构投资者不断提高碳配额持仓，积极参与碳市场。

履约期效应则进一步加剧了短期供需紧张的局面，2021 年 4 月 30 日为企业履约上一年排放的最后期限，有部分企业在最后一个月才紧急采购配额，尤其是风险管理意识薄弱的东欧国家的企业。有报道说罗马尼亚的电力和钢铁企业还在招标采购配额用于履约，类似的消息促使市场投机者借机推高碳价。而能源价格在近期又因经济缓慢复苏和西北欧天然气储量较低而有所上涨，进一步推高了碳价。

3.3.3 澳大利亚碳市场

澳大利亚碳市场于 2012 年 7 月 1 日开始正式运行，但其建设起步日期实际要从 2008 年算起，这是因为澳大利亚政府主导推进的碳市场建设坚持了"四步走"路线。澳大利亚碳市场发展路线如图 3-14 所示，大致经历了立法先行、完善市场、促进交易和自由交易等不同阶段。

图 3-14 澳大利亚碳市场发展路线

第一阶段，立法先行。第一阶段的主要任务是建立企业温室气体排放报告体系和完成立法工作（2008 年 7 月—2011 年 11 月）。2008 年，澳大利亚政府颁布了《国家温室气体和能源报告法案》，要求划定范围内的减排实体建立定期报告能源使用及温室气体排放制度，现已初步建立包括 500 家大型温室气体排放企业的 MRV，为保障 2012 年 7 月正式启动碳市场奠定基础。目前，上述纳入报告体系的 500 家企业的排放总量占澳大利亚温室气体排放总量的 66%，主要包括发电、采掘、金属冶炼等行业（不包括农业、居民交通、轻型商用交通等）。同时，澳大利亚政府强力推动碳市场立法工作并于 2011 年 9 月和 10

月分别经国会下议院和上议院表决，通过了关于碳排放权交易机制法案，标志着澳大利亚具有建设本国碳市场的法律基础。

第二阶段，完善市场，即启动固定碳价格交易市场阶段（2012 年 7 月—2015 年 7 月）。自 2012 年 7 月 1 日起，澳大利亚计划实行持续 3 年的固定碳价碳市场机制。固定价格期间，碳价每年按澳大利亚央行预测的通货膨胀年中位值递增，分别为 23 澳元/tCO_2、24.15 澳元/tCO_2 和 25.4 澳元/tCO_2。在该阶段，所有企业都将以此固定价格从政府购买排放权并且不设总量上限，故企业彼此间也不会发生交易。因此，许多人都将澳大利亚这一阶段以固定碳价格为特征的碳市场机制看作政府对特定企业征收的一种"碳税"。但是，由于只面向 500 家企业销售排放权，因此能够比一般碳税更精准地作用于部分市场主体而发挥实质性减排作用。该机制是工党政府推动"碳定价机制 CPM"核心部分，占澳大利亚总排放量的 60%，涵盖电力、工业、废弃物处理等领域。2014 年新政府上台后，工党推行的碳定价机制被保守党的"减排基金"取代，标志着固定碳价阶段提前结束。澳大利亚完善市场阶段的价格波动如图 3-15 所示。

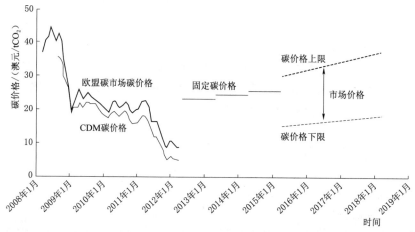

图 3-15　澳大利亚完善市场阶段的价格波动

第三阶段，促进交易，即启动浮动碳价格的市场交易机制（2015 年 7 月—2018 年 7 月）。在实行为期 3 年的固定碳价格交易机制后过渡到以浮动碳价格进行市场交易的阶段。在此阶段，政府设定排放权总量并采取免费分配和拍卖两种方式提供给市场，同时允许企业间进行交易并与国际市场连接。另外，政府对碳价格设置下限和上限，3 年内价格下限基本确定在 15 澳元/tCO_2、16 澳元/tCO_2 和 17.05 澳元/tCO_2，并允许小幅调整。这样，当国际市场碳价格出现大幅下降，低于澳大利亚碳市场底价时，澳大利亚政府就将对企业从国际市场买入的排放权补征差价，使其与本国碳价格下限一致。据介绍，澳大利亚政府设置碳交易价格下限主要基于两方面考虑，一是防止碳市场价格出现崩溃，二是保证从碳交易中获得稳定的财政收入。

第四阶段，自由交易（2018 年 7 月以后）。这一阶段主要任务为放开碳交易价格并且实行碳交易完全市场化，政府不再干预碳价格。

3.3.4　中国碳市场

自 2010 年中国首次提出建立碳市场以来，中国碳排放交易体系已经历了超过 10 年的发展历程。其间，中国碳市场经历了概念提出、试点运行等一系列过程，并最终于 2021年 7 月实现了全国碳市场的启动运行。重要时间节点包括：2010 年 9 月我国首提碳市场建设；2013 年下半年及 2014 年上半年 7 个试点碳市场启动；2016 年末 2 个非试点区域碳市场上线；2021 年 7 月全国碳市场以电力行业为基础正式启动。我国全国碳市场发展重要时间节点见表 3-3。

表 3-3　　　　　　　　　　　我国全国碳市场发展重要时间节点

时　间	部　门	文件/会议/事件	主　要　内　容
2010 年 9 月	国务院	《国务院关于加快培育和发展战略性新兴产业的决定》（国发〔2010〕32 号）	首次提出要建立和完善碳排放交易制度
2010 年 10 月	全国人大	"十二五"规划	提出逐步建立碳市场
2011 年 10 月	国家发展改革委	《国家发展改革委办公厅关于开展碳排放权交易试点工作的通知》（发改办气候〔2011〕2601 号）	批准京、津、沪、渝、粤、鄂、深七省市于 2013 年开展碳排放权交易试点
2012 年 11 月	—	党的十八大报告	积极开展碳排放权交易试点
2013 年下半年	—	北京、天津、上海、广东、深圳碳市场启动	
2014 年 4—6 月	—	湖北、重庆碳市场启动	
2015 年 9 月	中共中央、国务院	《生态文明体制改革总体方案》	逐步建立全国碳市场，研究制定全国碳排放权交易总量设定与配额分配方案
2016 年 1 月	国家发展改革委	《关于切实做好全国碳排放权交易市场启动重点工作的通知》	明确了参与全国碳市场的 8 个行业，要求对拟纳入企业的历史碳排放进行核算、报告与核查
2016 年 12 月	—	四川、福建碳市场启动	
2017 年 12 月	国家发展改革委	《全国碳排放权交易市场建设方案（发电行业）》	在发电行业率先启动全国碳排放交易体系
2021 年 7 月	国务院	国常会	择时启动发电行业全国碳市场上线交易
2021 年 7 月		全国碳市场启动	

区域碳市场已成为重要减排手段。至 2021 年，我国各试点碳市场已覆盖约各区域内20%～40%的温室气体排放量，且各地履约情况良好，履约率（期末能够足额上缴碳配额企业占总控排企业比例）均在 100%左右，碳市场已成为各区域内重要的减排手段。

全国碳市场的启动令我国碳市场覆盖规模大幅提升，标志着我国乃至全球碳交易体系的全新阶段开启。国家层面，相较区域性碳市场，全国碳市场的启动令我国碳市场覆盖面进一步扩大，交易量随之大幅扩张，根据 2021 年最终核算结果，全国碳市场覆盖约 45 亿 t碳排放，推测占我国全部碳排放的 40%左右，截至 2021 年 12 月 31 日，全国碳市场成交量达 1.79 亿 t，占我国碳市场累计成交量的 31.90%。全球层面，我国的全国碳市场启动并成为全球第一大碳市场，使全球碳交易体系覆盖规模有了大幅跃升，此外，作为全球首个基于碳强度的主要碳市场，我国全国碳市场的启动运行为碳交易体系构建提供了全新的尝试。我国全国碳市场相关机制设计见表3-4。

表3-4 我国全国碳市场相关机制设计

监管机构	生态环境部门；全国碳排放权注册登记机构；全国碳排放权交易机构
覆盖领域	常规燃煤机组；燃煤矸石、煤泥、水煤浆等非常规燃煤机组（含燃煤循环流化床机组）；燃气机组
覆盖主体	年度温室气体排放量达到2.6万$tCO_2 - e$的上述领域的排放企业
总量设置	在初期采用基准法确定各重点排放单位的配额分配量，并加权以形成全国配额总量
配额分配	初期以免费分配为主，根据国家要求适时引入有偿分配
抵销机制	重点排放单位每年可以使用国家核证自愿减排量抵销碳排放配额的清缴，抵销比例不得超过应清缴碳排放配额的5%
处罚机制	温室气体排放报告相关的违规行为处一万元以上三万元以下的罚款；配额清缴相关的违规行为处二万元以上三万元以下的罚款

3.3.5 碳市场要点总结

1. 配额的稀缺性

配额的稀缺性影响着碳价格和市场流动性，而碳价格和市场流动性是引导企业节能减排决策和投资行为的重要信号和碳市场以最低成本减排的重要途径。我国与发达国家相比，经济增长和排放轨迹存在更大的不确定性，碳市场总量设定更应该宁紧勿松，保证配额的稀缺性。

2. 调控机制灵活

碳价格是引导企业节能减排决策和投资行为的重要信号，过低或过高的碳价格都不利于企业根据碳市场传递的价格信号进行决策。从RGGI经验看，调控政策包括基于供给、基于价格和延迟时间框架三种类型，全国碳市场根据实际并在考虑传递政策信号的同时保持市场足够的灵活性，选择合适的调控政策。特别是区别于普通价格下限的"硬约束"措施，"软约束"措施——排放控制储备机制更加灵活，同时能激励企业在配额总量下额外进行减排，从而进一步扩大了减排效果。

3. 利用拍卖收入放大碳市场效果

碳市场拍卖除了内部化温室气体排放的外部成本、调控市场供求关系的作用外，拍卖收入的利用更是一种再分配的过程。通过投入其他低碳减排项目和返还消费者的方式，一方面通过能效提高、节能减排的投资进一步扩大了碳市场的减排效果；另一方面通过补贴消费者，减轻了消费者对于成本转嫁造成的价格上升的担忧。拍卖收入给予了政府额外的政策工具进行减排投资和成本控制，同时又有利于赢得公众对碳市场的支持。此外，拍卖收益返还给竞拍方以激励企业减排技术改造、减少其他税种税率以保持"税收中性"等，起到了减少税收扭曲、激励企业减排，以及降低全社会的总体成本的作用，也是我国碳市场合理利用拍卖收入可选择的方式。

4. 独立有效且公开透明的信息披露和监管

公开透明、高质量的排放数据，是市场交易的基石；真实的配额交易信息，是市场公平的基础；而独立有效的市场监管，是市场有序运行的保障。

通过连续排放监测系统真实记录排放情况，通过配额跟踪系统查看配额市场的相关信息，同时通过第三方机构定期发布拍卖报告和二级市场报告。公众可以通过多种方式了解体系的运行情况。信息的透明公开和民主、独立有效的监督既保证了主管部门能广泛听取各方意见建议，又对限制共谋等不正当竞争行为和行政自由裁量权、有效降低行政管理风险发挥了重要作用。

3.4 可再生能源配额、碳配额和电力市场的关联性分析

3.4.1 可再生能源配额与碳配额的关联性

基于前文对典型国家可再生能源配额、碳配额发展现状梳理，可以看出可再生能源配额制和碳配额制从本质上来说都是通过市场化的手段来促进能源体系的清洁化转型，只不过二者的作用点有所不同。前者以促进清洁能源利用为主要目的，而后者以二氧化碳减排为主要目的。

（1）制度设计思路相通，理论上可相辅相成。可再生能源配额制结合了可再生能源发电量占比的硬性要求，与碳市场的总体设计思路是类似的，二者皆以总量控制为目标，都是在一个设定好的总量目标之下，再继续向下细化绿电指标或碳配额的分配。虽然二者目的不同，但实际上如果发电企业的清洁电力比重上升，是有助于碳减排的。同时，对企业实施碳配额，会倒逼企业使用清洁电力，满足可再生能源配额要求。

（2）制度设计应厘清界限，避免互斥或重复。由于绿证市场和碳市场在我国皆处于初期建设阶段，并没有明确的政策对二者做出界定，因此目前我国的绿证市场和碳市场中的核证自愿减排量（CCER）项目是可以共同存在于市场当中的。

如果一个项目被同时赋予多种用途（减排量和绿证），那么可再生能源发电企业可以一方面出售绿证，同时其可再生能源发电量也可以申请签发 CCER 在碳市场当中出售，这就会产生一些争议。目前碳市场的设计并没有考虑绿证，如果未来两个体系继续相互并行、互不影响，那非电力控排企业并没有动力购买绿证，因为其电力消耗对应的二氧化碳排放量并不能通过绿证抵消，且绿证的使用者将主要集中于火力发电企业，火电厂可以同时购入绿证和减排量分别完成可再生能源电力占比指标和碳排放履约的目标。如果两个体系相互影响，例如企业购买绿证后，相应的绿色电量不在碳市场中计算二氧化碳排放量，那么需要在制定规则时对于互斥性做出明确限定，即申请绿证的发电量无法申请 CCER（或相反），否则这部分减排量就会产生重复计算的问题。此外，对于新能源发电企业而言，也存在双重补贴的问题。

3.4.2 可再生能源配额制对电力市场的影响

可再生能源配额制对电力市场的影响，一方面体现在促进省间绿电的交易及通道建设，另一方面体现在用户优先购买可再生能源电力。

促进省间绿电的交易及通道建设。在省间电力交易中，可再生能源电力将有优先的市场需求，甚至还将有特殊的市场价格。同等价格下，受端省份肯定是优先购买可再生能源电力，这将改变电力输出省份的电源投资结构。对于电源输出省份，由于它们的可再生能源消纳责任权重指标普遍较高，首要任务是保证可再生能源消纳指标配额的完成，有富余

的消纳量再输出到其他省份。另外，随着可再生能源配额制指标的不断提高，有条件的省份须加大可再生能源的装机总量才能不断保持优势地位。

用户优先购买可再生能源电力。由于可再生能源配额制同时考核拥有自备电厂的工业企业、参与电力市场交易的直购电用户，这些大的电力用户在未来的采购中也同样优先选择可再生能源电力。我国电力市场由三大电网企业统购统销，对电力用户来讲，原本无须知道电从哪里来。可再生能源配额制相关政策文件，为客户提供了购买可再生能源电力的选择。

3.4.3　碳配额制对电力市场的影响

碳配额制对电力市场的影响可以分为短期和长期两个方面。

（1）短期影响方面。由于增加了碳排放交易，碳配额可以在交易市场进行交易，企业在国家规定免费排放配额的基础上根据自身的需要购买或者售出碳配额，从整体性来看，增加了发电厂商的运营成本，排放量多的厂商成本增加的多，排放量少的厂商成本增加的少。而短期成本的增加会决定发电厂商的电价，也会影响发电厂商对于不同发电机组的调度优先顺序，同时还会影响电力用户的购买量。碳排放权交易提高了发电厂商的成本，进而影响电力价格，从而影响消费者的电能消耗量，发电厂商会优先调度低排放的机组，以维护其经济利益。

（2）长期影响方面。长期影响方面主要表现为对发电厂商投资的影响。从长远来看，排放权交易的介入，使发电成本增加，电价升高，竞争力减弱，加之未来传统能源的稀缺性和价格的升高，生产要素成本提高，会更大程度地增加煤电机组的成本，因此发电厂商必须转型，进行技术创新、设备更新、能源利用率提高、低碳转型、排放减少、可再生能源投资。发电厂商在战略选择中有如下几种可能：①转型投资可再生能源发电或者低碳型能源发电，改变发电结构；②研发新型高效技术或低碳设备，减少排放降低环境成本；③直接在交易市场购买碳排放权。

第 4 章

我国可再生能源发展和碳市场
发展现状及趋势

4.1 我国能源生产与消费现状

目前，我国正处于从以化石能源为主体向以新能源为主体转型的历史过渡阶段，力争实现"2030 年碳达峰、2060 年碳中和"目标。总体来说，在任何一个历史时期，现有生产、消费模式是当前条件下技术与经济的最佳匹配，具有存在的合理性。本节分析现有我国能源生产现状、我国能源消费现状。

4.1.1 我国能源生产现状

随着我国经济的快速发展，一次能源生产基本上一直处于上升趋势，我国一次能源生产总量趋势如图 4-1 所示，生产总量由 1990 年的 10.4 亿 t 标准煤增长到 2019 年的 39.7 亿 t 标准煤，增长了 2.8 倍，且 2000 年后增加尤其明显。《2020 中国统计年鉴》数据表明，煤炭、石油、天然气等化石能源在能源生产中的占比高，我国一次能源生产结构如图 4-2 所示，其中 2019 年化石能源总占比为 81.2%，且以煤炭为主。2011 年，煤炭生产占比达到最大值 77.8%，随后缓慢降低，但 2019 年煤炭生产占比依然高达 68.6%。基于不同能源形式的特征，能源转型最终要实现以化石燃料利用为主向以可再生电力为主的转型。

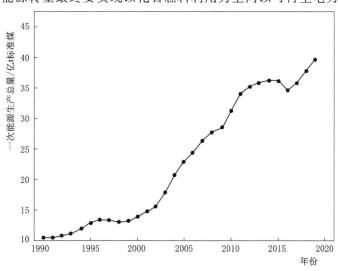

图 4-1 我国一次能源生产总量趋势

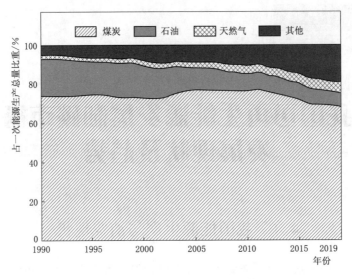

图 4-2　我国一次能源生产结构

据国家统计局 2021 年 10 月发布的数据显示，同年 9 月，规模以上工业主要能源产品中，除原煤生产略有下降外，原油、天然气、电力均保持增长。以 2019 年 9 月为基期，原煤生产两年平均增速下降，原油生产增长平稳，天然气、电力生产增长较快。

1. 原煤生产现状

原煤生产略有下降。2021 年 9 月，生产原煤 3.3 亿 t，同比下降 0.9%，比 2019 年同期下降 1.8%，两年平均下降 0.9%，日均产量 1114 万 t；进口煤炭 3288 万 t，同比增长 76.0%。2021 年 1—9 月，生产原煤 29.3 亿 t，同比增长 3.7%，比 2019 年同期增长 3.6%，两年平均增长 1.8%；进口煤炭 23040 万 t，同比下降 3.6%。规模以上工业原煤产量增速月度走势如图 4-3 所示，煤炭进口月度走势如图 4-4 所示。

港口煤炭综合交易价格上涨。2021 年 9 月 24 日，秦皇岛港 5500 大卡（折合 23023kJ/kg）、5000 大卡（折合 20930kJ/kg）、4500 大卡（折合 18837kJ/kg）动力煤综合交易价格分别为 1079 元/t、980 元/t 和 857 元/t，比 8 月 27 日分别上涨 194 元/t、182 元/t 和 151 元/t。秦皇岛港煤炭价格情况如图 4-5 所示。

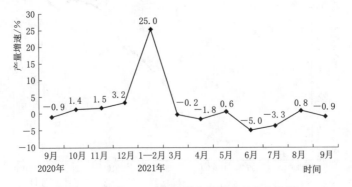

图 4-3　规模以上工业原煤产量增速月度走势图

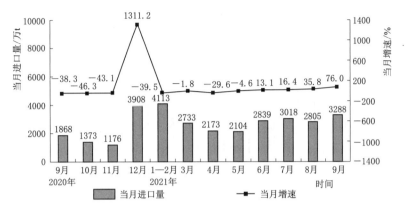

图 4-4 煤炭进口月度走势图

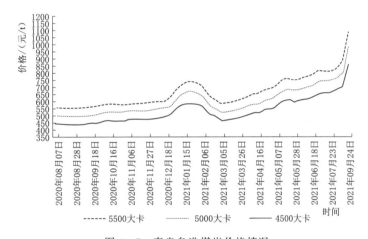

图 4-5 秦皇岛港煤炭价格情况

2. 原油生产现状

原油生产略有加快，加工量继续下降。2021 年 9 月，生产原油 1661 万 t，同比增长 3.2%，增速比上月加快 0.9%，比 2019 年同期增长 5.7%，两年平均增长 2.8%，日均产量 55.4 万 t；加工原油 5607 万 t，同比下降 2.6%，降幅比上月扩大 0.4%，比 2019 年同期下降 1.3%，两年平均下降 0.7%，日均加工 186.9 万 t。2021 年 1—9 月，生产原油 14984 万 t，同比增长 2.5%，比 2019 年同期增长 4.3%，两年平均增长 2.1%；加工原油 52687 万 t，同比增长 6.2%，比 2019 年同期增长 9.4%，两年平均增长 4.6%。规模以上工业原油产量、加工量月度走势分别如图 4-6、图 4-7 所示。

原油进口降幅扩大，国际原油价格有所上涨。2021 年 9 月，进口原油 4105 万 t，同比下降 15.3%，降幅比上月扩大 9.1%；2021 年 1—9 月，进口原油 38740 万 t，同比下降 6.8%，原油进口月度走势如图 4-8 所示。2021 年 9 月 30 日，布伦特原油现货离岸价格为 77.81 美元/桶，比 8 月 31 日上涨 5.9%，国际原油价格情况如图 4-9 所示。

3. 天然气生产现状

天然气生产增速有所放缓。2021 年 9 月，生产天然气 157 亿 m³，同比增长 7.1%，

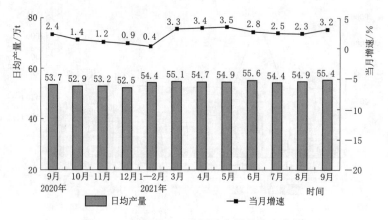

图 4 - 6 规模以上工业原油产量月度走势图

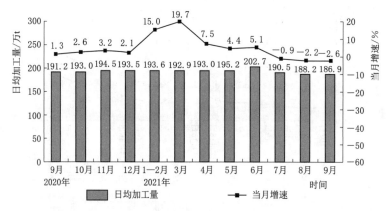

图 4 - 7 规模以上工业原油加工量月度走势图

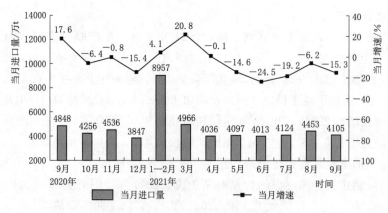

图 4 - 8 原油进口月度走势图

增速比上月回落 4.2%，比 2019 年同期增长 15.2%，两年平均增长 7.3%，日均产量 5.2 亿 m³。2021 年 1—9 月，生产天然气 1518 亿 m³，同比增长 10.4%，比 2019 年同期增长 20.0%，两年平均增长 9.6%。规模以上工业天然气产量月度走势如图 4 - 10 所示。

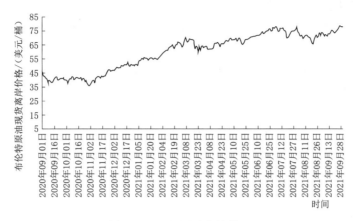

图 4-9 国际原油价格情况

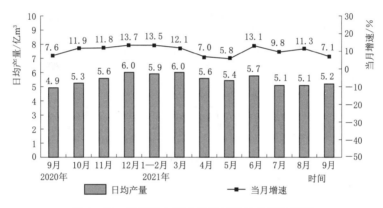

图 4-10 规模以上工业天然气产量月度走势图

天然气进口保持较快增长。2021 年 9 月，进口天然气 1062 万 t，同比增长 22.7％，增速比上月加快 10.5％；2021 年 1—9 月，进口天然气 8985 万 t，同比增长 22.2％。天然气进口月度走势如图 4-11 所示。

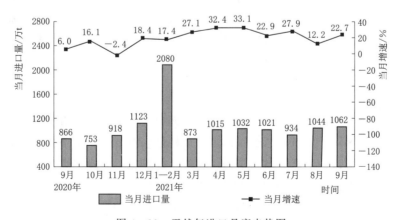

图 4-11 天然气进口月度走势图

4. 电力生产现状

电力生产有所加快。2020 年 9 月，发电量 6751 亿 kW·h，同比增长 4.9%，增速比上月加快 4.7%，比 2019 年同期增长 10.5%，两年平均增长 5.1%，日均发电量 225 亿 kW·h。2021 年 1—9 月，发电量 60721 亿 kW·h，同比增长 10.7%，比 2019 年同期增长 11.6%，两年平均增长 5.7%。分品种看，2020 年 9 月，火电、风电增速加快，核电、太阳能发电增速放缓，水电降幅收窄。其中，火电同比增长 5.7%，以 2019 年 9 月为基期，两年平均增长 2.9%；水电下降 0.3%，两年平均增长 10.6%；核电增长 4.3%，两年平均增长 5.8%；风电增长 19.7%，两年平均增长 15.4%；太阳能发电增长 4.5%，两年平均增长 4.3%。规模以上工业发电量月度走势如图 4-12 所示。

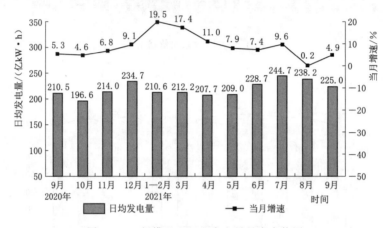

图 4-12　规模以上工业发电量月度走势图

4.1.2　我国能源消费现状

在能源消费现状方面，我国能源需求重心正在转向生活消费侧，工业用能占比持续回落，建筑用能（居民和商业）占比不断提升。我国终端用能将继续维持电代煤、气代煤趋势，整体用能结构将朝着清洁化、低碳化、多元化方向发展。

我国能源消费的发展情况如图 4-13～图 4-17 所示。我国能源消费量（煤炭及能源消费总量）如图 4-13 所示，1990 年能源消费总量为 9.9 亿 t 标准煤，21 世纪以来，消费总量快速增长，从 2000 年的 14.7 亿 t 标准煤增长到 2019 年的 48.7 亿 t 标准煤，增长了 2.3 倍。同时，前 15 年煤炭消费的增加趋势与能源消费的增长趋势基本保持一致。2015 年以来，我国煤炭消费量趋于平缓，消费量在 27 亿 t 标准煤左右。煤炭占能源消费量比重如图 4-14 所示，煤炭消费占比基本处于不断下降的趋势，由 2007 年的峰值 72.5% 连续降至 2019 年的 57.7%。

将煤炭、焦炭、原油、汽油、煤油、柴油、燃料油、天然气、电力统计在内，不同行业能源消费趋势如图 4-15 所示。我国能源总消费量主要由工业消费、居民消费和交通消费（运输、仓储、邮政）组成，其余消费占比较小。可见，工业消费量与能源总消费量变化趋势一致，且工业消费占能源总消费比例保持在 65.0%～75.0% 之间，支撑了我国巨大的工业产能和国民经济建设，工业消费占能源消费比重如图 4-16 所示。此外，居民生活消费和交通消费也在不断增加。

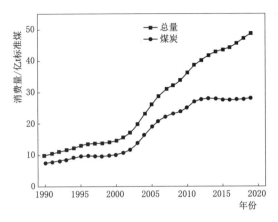

图 4-13 我国能源消费量（煤炭及能源消费总量）

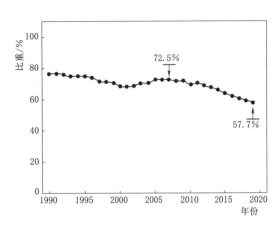

图 4-14 煤炭占能源消费量比重

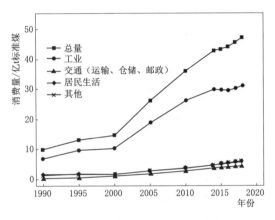

图 4-15 不同行业能源消费趋势

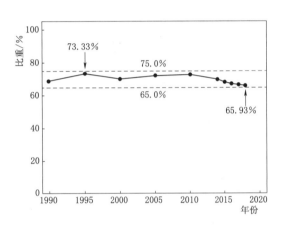

图 4-16 工业消费占能源消费比重

电力消费方面，今后我国构建以新能源为主体的新型电力系统，电力消费在能源消费中的比例将会进一步增大。若 2019 年能源消费总量全部由电力提供，全年需要 39.6 万亿 kW·h。不同行业实际电力消费量如图 4-17 所示，要达到能源消费总量全部由电力提供的结果，大多数行业的电力需求要增加 4~5 倍，缺口巨大。从图 4-17 居民生活和交通电耗可见，两方面的能源消费量都在不断增加。

工业及交通石油消费方面，我国石油对外依存度高，2019 年依存度达到 71%，其主要用于工业和交通领域。尽管工业领域石油消费占比逐渐缩小，从 1990 年的 63.8% 降至 2018 年的 36.1%，但消费总量仍处于上升趋势。交通领域石油消费量不断增加，消费占比也在不断增长，从

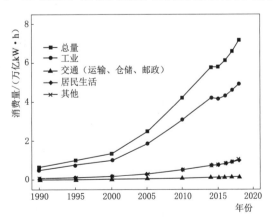

图 4-17 不同行业实际电力消费量

1900 年的 14.7％增长到 2018 年的 36.5％，是目前最大的石油消费领域。

随着我国进入工业化后期，能源需求由生产侧转向消费侧。在基准情景下，工业用能在 2025 年前后将达到峰值，在总体用能中的比例将从 2018 年的 65％以上下降到 2050 年的 55％以下；建筑和交通用能比例将逐步上升，建筑部门用能在 2035 年前年均增长率将达到 3.7％。我国能源消费需求增长由生产领域向生活领域转变，主要是由经济结构的转型升级和绿色低碳发展潮流所致。工业能源需求增速下降，一方面是因技术和管理的进步导致用能效率的提升，另一方面更主要的是由于我国经济重心由能源密集型工业转向较低能源密度的服务行业。而随着我国城镇化进程持续推进、乡村振兴战略的实施，以及第三产业的快速发展，居民生活用能和商业用能将出现增长态势。

4.2　我国能源生产与消费现存问题

我国从改革开放以来，在短短的几十年里，能源事业的发展取得了举世瞩目的成就，然而中国能源产业面临着诸多难题，"双碳"目标的提出也将带来全新的挑战。总体而言，经济的快速发展对能源需求的持续增长与化石能源的不可再生性的矛盾加剧；环境的约束力日益突出；能源，特别是石油能源的对外依赖程度加深，保障能源持续供应压力越来越大；能源资源与能源需求分布严重不平衡。

1. 能源存在供需矛盾

随着经济的快速发展，人们对能源的需求量也迅猛增加。由于我国人口众多，对能源的需求量也就更大，近几年，我国的能源消费总量持续增长，并成为了能源消费大国。煤炭资源的消费总量在我国能源消费总量中位居第一，有限的能源，满足不了经济发展的需求，必然就会形成过度开采能源的局面，给我国的环境带来不利影响。

我国煤炭资源丰富，过去及未来较长时间是我国一次能源生产和消费的"压舱石"，据国家统计局数据，2020 年我国原煤占一次能源生产总量的 67.6％，煤炭占能源消费总量的 56.8％。2020 年我国发电量 77790.60 亿 kW·h，其中：火力发电量 53302.48 亿 kW·h，占我国发电总量的 68.5％；水力发电量 13552.09 亿 kW·h，占发电总量的 17.4％；其他核电、光伏和风能等发电量仅占发电总量的 14.1％。煤炭火力发电在我国电力生产中具有举足轻重的地位。

2020 年以来，新型冠状病毒肺炎疫情影响广泛而深远，世界经济深度衰退，国际油价先是断崖式下跌，随后低位缓慢增长。2021 年 9 月以来，全球能源供需矛盾日益突出，美国大规模印钞由此导致全球大宗商品（原材料）价格暴涨，美元超发带来的输入性通胀难以避免，全球能源价格大幅上涨。

2021 年 3—8 月，受"运动式"减碳、煤炭进口减少等影响，我国原煤累计产量 19.62 亿 t，同比仅增长 0.3％，这和我国经济继续保持稳中向好的发展态势不相符，煤炭供需矛盾突出，由此造成我国煤炭价格持续上涨。燃煤发电企业受制于燃煤发电市场，交易价格浮动范围上浮不超过 10％，下浮不超过 15％的制度限制，面临煤炭价格的不断上涨，企业经营效益面临巨大挑战，由此出现我国部分地区"拉闸限电"现象。

随着经济快速恢复和气温持续升高的影响下，电力需求增势强劲，电力供应紧张，燃料成本持续上涨，发电企业经营环境不断恶化。煤电、气电成本飙升，燃煤成本与基准电价严重倒挂。此种情况下应在最大程度尊重现有批发、零售合同的同时，合理疏导发电侧成本，推动完善适应新型电力系统发展的价格机制。

《国家发展和改革委员会关于深化燃煤发电上网电价形成机制改革的指导意见》（发改价格规〔2019〕1658号）文件有关指出，允许月度交易成交价差可正可负，其中上浮幅度不超过燃煤基准价10%，下浮幅度不超过燃煤基准价15%。广东电力交易中心2021年10月月度交易结果通报，统一出清价差为45.3厘/（kW·h），是广东省首次正价差，由所有市场用户根据月度实际用电量按比例分摊。

2. 能源生产与消费空间分布失衡

在我国，能源消费品种最多的是煤炭和石油，足以见得，煤炭和石油是我国经济发展最为重要的能源。由于我国的煤炭和石油资源存在分布不均的特点，能源的消费方式就逐渐演变成了跨区域消费的状况。我国西北部的煤炭石油资源较为丰富，而最需要能源的却是东部经济发达的沿海地区，能源需求量大的地区能源却比较匮乏，因此，就出现了"西煤东运""北煤南运"的现象。这种跨区域的消费方式导致能源的消费成本较高，其中大量的资金都用在能源的运输方面，此外，还有高昂的谈判费和能源运输的风险费。为了尽可能地降低能源的消费成本，能源消费者就会选择低价的能源品种，但是低价的能源品种所排放的污染物较多，若长期使用，就会给我国的环境造成巨大的压力。

3. 能源结构与环境治理存在矛盾

与西方发达国家相比，我国的能源结构比较单一。我国煤炭的消费总量位居世界第一，但是煤炭的开采和使用也会使得环境污染问题愈发的严重，煤炭能源燃烧会产生二氧化硫、二氧化碳等气体，造成严重的温室效应，煤炭燃烧后产生的悬浮颗粒也会严重危害人们的呼吸道健康。近几年，我国政府认识到了能源问题对环境的危害，也采取了积极的措施进行治理。开发和利用太阳能、风能等新型清洁能源成为未来能源和环境发展的主要趋势，但是我国的环境治理还有很长的路要走。

4. 能源体制改革不充分且能源工业转型发展存在困难

各种能源、各种所有制能源企业间的公平竞争环境尚没有形成。煤电与气电、煤电与可再生能源发电、电力与煤炭的矛盾关系没有理顺，各种能源之间的公平竞争环境尚没有形成。自备燃煤电厂与常规电源之间的公平竞争矛盾突出。能源转型存在困难，二氧化碳排放控制的压力大。尽管燃煤电厂先进、高效，且常规污染物排放低，但没有改变中国能源消费高碳排放的特点。由于新大机组的合理运行年限一般应在30年以上，其碳排放的"锁定"效应明显，机组越新、越大，对未来二氧化碳排放控制的压力越大。

5. 可再生能源发电存在难消纳困境

弃风、弃光电量是指风电站和光伏发电站可发但未发出的电量。未发出电量主要的原因是风电、光伏发电受到风、光间歇性的影响，发电量实时波动，但电网由于电力需求和传输通道等因素，出现无法接纳风电和光伏发电的情况。弃风、弃光率越高风电、光伏发电的消纳情况越差。2020年，全国风电新增装机容量7167万kW，同比增长9.5%，平均利用小时数2073h，同比降低10h。全国弃风电量166.1亿kW·h，风电利用率96.5%，同比提升

0.5%；全国光伏发电新增装机容量 4820 万 kW，增长 9.5%。全国光伏平均利用小时数 1281h，同比降低 10h。弃光电量 52.6 亿 kW·h，光伏发电利用率 98.0%，与上年基本持平。

4.3　我国可再生能源配额制发展现状及政策战略

4.3.1　可再生能源配额制发展现状

近年来，为改善我国能源结构，促进能源排放转型，国家大力鼓励发展新能源并给予政府补贴，我国很快发展成为全球新能源装机容量最大的国家。此后，能源部门多次下调对风电、光伏的补贴电价，国家能源局于 2018 年出台了《关于 2018 光伏发电有关事项的通知》，对于光伏电站、分布式光伏的规模、补贴电价等提出了更为严格的要求，直接导致了我国的光伏装机容量下滑。由此可以看出，我国新能源的发展对政府政策支持和电价补贴依赖程度高，还未形成较好的市场机制，因此将可再生能源市场导向化，以市场和经济的手段刺激新能源的发展成为突破我国新能源发展瓶颈的关键手段。

为建立长期有效的可再生能源发展机制，国家能源部门于 2018 年出台了《可再生能源电力配额及考核办法（征求意见稿）》，明确了我国施行可再生能源配额制，明确了将以各主体实际消纳的可再生能源电力为主要完成方式来对可再生能源消纳权重指标进行考核，其中主要包括电网在内的售电公司、参与电力批发市场的电力用户和有自备电厂的企业。另外，对于无法直接消纳可再生能源电力的主体，可通过购买可再生能源绿证的方式进行替代消纳。配额制的建立在很大程度上刺激了新能源的发展和消纳，也为绿证市场的兴起奠定了基础。

2019 年，出台的《关于建立健全可再生能源电力消纳保障机制的通知》围绕可再生能源电力消纳责任权重的下达、实施、交易、核算、考核等方面展开。我国目前处于固定价格收购制向可再生能源配额制转型阶段，两者的过渡衔接是转型成功的关键。这个过程应考虑电力市场化进程及各类可再生能源的发展情况，并积极借鉴国外的转型经验，例如韩国的可再生能源政策在 2012 年由固定价格收购制转变为可再生能源配额制，转变期市场效率有所下降，但可再生能源配额制确实推动了韩国可再生能源技术的发展。

我国可再生能源激励政策将逐步由固定价格收购制向可再生能源配额制过渡。与可再生能源配额制实施较为成功的欧美国家相比，我国的电力现货市场仍然在建设的过程中，因此应考虑我国电力市场推进和可再生能源配额制引入的协调，尤其是电力和绿证市场价格的相互影响，尽量避免出现价格剧烈波动。为了方便过渡，可考虑引入固定价格收购制-可再生能源配额制的并行制度，通过不断调整配额比，阶段性地落实可再生能源配额制。分阶段的发展目标应分别为激发新能源大规模发展和促进新能源提高经济性、有效降低弃能。

我国的固定价格收购制-可再生能源配额制并行制度可借鉴西班牙实施的固定价格收购制-可再生能源配额制"双轨制"，由发电企业自主选择参与固定价格收购制享受固定收益还是通过可再生能源配额制参与市场竞争，逐步减小补贴力度，但给市场主体提供一定的缓冲期。对部分可再生能源发电项目可保留固定价格收购制，以足够的补贴保证新型技术成本回收，这一点可借鉴英国的可再生能源激励政策，即：对小规模可再生能源发电项目实施固定价格收购制，以提供保障性支持；对大规模可再生能源发电项目实施可再生能源配额制，引导其积极参与市场竞争。亦可对不同种类的可再生能源发电实施不同的政策，即：对技术已经比较成熟、成本较低的陆上风电和集中式光伏发电实施可再生能源配额制；对尚处于发展初期的海上风电、生物质能发电、太阳能热发电等实施固定价格收购制。可再生能源配额制应综合考虑各地可再生能源资源条件、原有能源结构、输电能力、用户电价承受能力、用电需求增长等差异性，分区设定各省（区、市）的消纳责任权重指标。可再生能源配额制配额指标的设置可借鉴美国加利福尼亚州的差异化分配方法，以各责任主体基准年份购买的可再生能源电量占比为基准值，此后逐年将该比重提高以适应可再生能源的发展需求；也可考虑借鉴德国的浮动限额机制，将配额指标与可再生能源建设计划的完成情况挂钩，根据每季度区域装机容量的过剩与不足，按照一定浮动的比例调整相应区域内责任主体的配额指标；还可借鉴日本的模式，考虑电网网架坚强程度的差异，通过在统一配额指标的基础上乘以电网坚强系数来确定各责任主体的配额指标。

4.3.2 可再生能源配额制政策战略

实施可再生能源配额制是我国提高可再生能源发电利用率，增加非化石能源消费占比，推动能源转型战略实施的重要举措。2019 年 5 月 10 日，国家发展改革委、国家能源局印发《关于建立健全可再生能源电力消纳保障机制的通知》，正式提出建立可再生能源电力消纳保障机制（可再生能源配额制）。可再生能源配额制相关政策战略见表 4-1。

表 4-1　　　　　　　　　　可再生能源配额制相关政策战略

年份	政　　策	主　要　内　容
2005	《中华人民共和国可再生能源法》	首次提出了可再生能源配额的概念
2006	《可再生能源发电价格和费用分摊管理试行办法》	建立可再生能源发展专项资金，正式实施上网电价，明确不同来源的可再生能源发电补贴标准
2007	《可再生能源中长期发展规划》	制定可再生能源发展目标、可再生能源技术研发、设备制造等给予企业所得税优惠
2009	《中华人民共和国可再生能源法修正案》	第二次提到了可再生能源配额："国务院能源主管部门会同国家电力监管机构和国务院财政部门，按照全国可再生能源开发利用规划，确定在规划期内应当达到的可再生能源发电量占全部发电量的比重"
2010	《国务院关于加快培育和发展战略性新兴产业的决定》（国发〔2010〕32 号）	提出实施新能源配额制，落实新能源发电全额保障性收购制度
2016	《国家能源局关于建立可再生能源开发利用目标引导制度的指导意见》（国能新能〔2016〕54 号）	提出了各行政区非水可再生能源电力消纳比重指标
2017	《国家发展改革委 财政部 国家能源局关于试行可再生能源绿色电力证书核发及自愿认购交易制度的通知》（发改能源〔2017〕132 号）	提出在全国范围内试行可再生能源绿证核发和自愿认购，并提出 2018 年适时启动可再生能源电力配额考核
2018	《可再生能源电力配额及考核办法（征求意见稿）》	提出实施可再生能源电力配额，包括可再生能源总量配额和非水电可再生能源电力配额

续表

年份	政　　策	主　要　内　容
2018	关于征求《可再生能源电力配额及考核办法（征求意见稿）》	就可再生能源电力配额及考核办法，第二次向政府、企业、行业协会等公开征求意见
2018	《关于实行可再生能源电力配额制的通知》（征求意见稿）	提出实行可再生能源电力配额制，向政府、电网企业第三次征求意见
2019	《关于积极推进风电、光伏发电无补贴平价上网有关工作的通知》	建设平价上网试点项目、鼓励绿证交易、促进市场化交易
2019	《关于建立健全可再生能源电力消纳保障机制的通知》	提出建立可再生能源电力消纳保障机制，设定可再生能源电力消纳责任权重，按省级行政区域对电力消费规定应达到的可再生能源电量比重。通过消纳保障机制，激发本地消纳潜力，促进新能源省内消纳；打破省间壁垒，促进跨省区新能源交易，实现资源大范围优化配置
2020	《省级可再生能源电力消纳保障实施方案编制大纲》	为各省级能源主管部门编制本地区实施方案作参考
2020	《关于各省级行政区域 2020 年可再生能源电力消纳责任权重的通知》	正式提出各省 2020 年可再生能源电力消纳责任权重
2020	《关于促进非水可再生能源发电健康发展的若干意见》（财建〔2020〕4 号）	明确了可再生能源电价附加补助资金结算规则
2021	《关于 2021 年可再生能源电力消纳责任权重及有关事项的通知》	提出了 2021 年可再生能源消纳责任权重，一次性下达 2021—2030 年各地区各年度可再生能源电力消纳责任权重，逐年根据情况调整；到 2030 年全国各省级行政区域实现同等可再生能源电力消纳责任权重，公平承担可再生能源发展和消纳责任
2021	《广东省可再生能源交易规则（试行）》	明确了可再生能源电力交易交易品种、市场成员、价格机制等。可再生能源发电企业以风电场、光伏电站、生物质发电机组等为交易单元参与可再生能源电力交易。电力用户分为大用户及一般用户

4.3.3　可再生能源配额制实施进展

21 世纪初，我国在已实施配额制并取得不错效果的国家的帮助下展开了配额制在中国的适用性研究。在起初的《中华人民共和国可再生能源法（草案）》中，拟规定可再生能源配额指标，但是，社会的大部分观点认为配额制所设计的目标应该随着社会经济的发展变化而调整，而《中华人民共和国可再生能源法》作为法律，应该是稳定的，不宜列入具体的配额目标。在争议重重的情况下，配额制难以在法律层面进行规定，但可以作为政策适时提出。于 2006 年正式实施的《中华人民共和国可再生能源法》确立了固定电价制度，然而，随着可再生能源的发展，固定电价制度缺点逐渐暴露，国家开始逐步推行配额制。

2007 年，国家发展改革委基于国家能源战略制定了《能源发展"十一五"规划》，提出要制定可再生能源发电配额制。在随后的《可再生能源中长期发展规划》中，首次对非水可再生能源发电在总发电量中的比例提出强制性要求，并同时提出了装机目标，但此次的比例目标只是一个大方向的规划，并没有提供细则规定。2009年新修订的《中华人民共和国可再生能源法修正案》在法律层面保障了可再生能源发展，凸显了可再生能源发展的重要地位。在2010年下发的《国务院关于加快培育和发展战略性新兴产业的决定》（国发〔2010〕32号）中明确提出要实施新能源配额制。2012年《国务院关于印发"十二五"国家战略性新兴产业发展规划的通知》（国发〔2012〕28号）再次明确提出实施可再生能源电力配额制。2014年，由国家能源局起草的《可再生能源电力配额考核办法（试行）》由国家发展改革委主任办公会讨论并原则通过，方案规定了2015年、2020年全国各省份非水电可再生能源（主要指风电、光伏、生物质）发电量占社会用电量所需达到的比例，分为基本指标以及先进指标两档，并给出了非水可再生能源电力消纳量的核算范围。

配额制牵涉多方利益，关于配额指标各省政府、电网企业和发电企业一直存在争议，且如果没有严格的运行逻辑和有效监管，指标也只是数字而已。因此，在随后的几年，可再生能源配额制方案一直未能推出。考虑到政策推行的难度，多项政策措辞也从"实施"逐渐转变为"适时启动"。

国家能源局于2018年3月、9月、11月就可再生能源电力配额及考核办法3次向政府、企业、行业协会公开征求意见。在广泛听取各方意见后国家发展改革委、国家能源局于2019年5月10日印发了《关于建立健全可再生能源电力消纳保障机制的通知》，我国终于开始正式实施可再生能源配额制。

我国可再生能源配额制的配额形式为对各省设定可再生能源电力消纳责任权重。可再生能源电力消纳责任权重是可再生能源电力消费量占用电总量的比例，包括可再生能源电力总量消纳责任权重和非水电可再生能源电力消纳责任权重。政府对各省规定一个强制性的最低可再生能源电力消纳责任权重，在此基础上增加一定比例为激励性消纳责任权重。《消纳保障通知》给出了各省2020年可再生能源电力消纳责任权重指导性指标。2020年5月，国家明确了各省级行政区域2020年需完成的可再生能源电力消纳责任权重。《2021—2030年权重征求建议函》一次性下达了2021—2030年各地区各年度的可再生能源电力消纳责任权重，提出到2030年全国各省消纳责任权重均达到40%。

1. 配套政策——绿证制度

2017年1月，《国家发展改革委 财政部 国家能源局关于试行可再生能源绿色电力证书核发及自愿认购交易制度的通知》（发改能源〔2017〕132号）提出，在全国范围内试行可再生能源绿证核发和自愿认购，建立可再生能源绿证自愿认购体系，明确了绿证的核发认购规则。国家可再生能源电价附加资金补助目录内的风电（陆上风电）和光伏发电项目（不含分布式光伏项目）可申请绿证权属资格。自2017年7月1日起开始绿证自愿认购。

中国绿色电力证书认购交易平台显示，自实行绿证核发及交易以来，截至2020年全国共核发风电绿证23315779张（约23.32亿kW·h），光伏绿证3845828张（约3.85亿kW·h）；风电绿证挂牌量为5607605张，光伏绿证挂牌量为531502张；风电绿证交易量为36312张，光伏绿证交易量为151张。其中风电绿证交易量占核发量的0.156%，交易量占挂牌量的 0.648%；光伏绿证交易量占核发量的 0.0042%，交易量占挂牌量的 0.03%。全国各省份绿证核发及交易情况见表 4-2。

表 4-2　　　　　　　　　全国各省份绿证核发及交易情况

省份	风　电					光　伏				
	核发量/张	挂牌量/张	交易量/张	交易量占核发量比重/%	交易量占挂牌量比重/%	核发量/张	挂牌量/张	交易量/张	交易量占核发量比重/%	交易量占挂牌量比重/%
河北	4915310	1853266	26689	0.54298	1.44011	254627	1	9	0.00354	900.00000
山东	2712399	190008	131	0.00483	0.06894	237932	—	40	0.01681	—
内蒙古	2642620	234211	129	0.00488	0.05508	491734	62159	1	0.00020	0.00161
辽宁	2465520	781935	94	0.00381	0.01202	20050	—	—	—	—
新疆（含兵团）	2116585	148401	1301	0.06147	0.87668	619628	136123	0	0.00161	0.00735
甘肃	1731739	392443	1058	0.06110	0.26959	415318	149985	13	0.00313	0.00867
吉林	1386790	389643	247	0.01781	0.06339	—	—	—	—	—
宁夏	1092843	1012541	2	0.00018	0.00020	188358	27832	20	0.01062	0.07186
云南	881007	—	241	0.02736	—	445520	116497	—	—	—
山西	772370	20980	20	0.00259	0.09533	16189	—	—	—	—
黑龙江	466448	129260	1012	0.21696	0.78292	—	—	—	—	—
贵州	419996	18421	11	0.00262	0.05971	—	—	—	—	—
四川	390129	234379	1242	0.31836	0.52991	77594	—	—	—	—
福建	250346	—	1008	0.40264	—	—	—	—	—	—
江苏	243018	—	—	—	—	132164	15393	3	0.00227	0.01949
天津	201947	—	—	—	—	—	—	—	—	—
青海	121840	—	—	—	—	732054	7007	33	0.00451	0.47096
河南	112345	85423	538	0.47888	0.62981	—	—	—	—	—
湖南	111646	—	—	—	—	—	—	—	—	—
安徽	90757	32805	33	0.03636	0.10059	7216	—	—	—	—
湖北	65594	65027	549	0.83697	0.84427	62767	—	—	—	—
海南	51361	—	—	—	—	—	—	—	—	—
陕西	50300	—	—	—	—	—	—	—	—	—
广西	22869	18862	2007	8.77607	10.64044	—	—	—	—	—
江西	—	—	—	—	—	74484	11967	31	0.04162	0.25905
浙江	—	—	—	—	—	35542	4538	—	—	—
北京	—	—	—	—	—	24138	—	—	—	—
西藏	—	—	—	—	—	10513	—	1	0.00951	—

中国绿色电力证书认购交易平台显示，2017—2020 年风电绿证成交价格最高为 330 元/张，最低为 128.6 元/张，平均为 177.2 元/张，累计成交额为 634.45 万元；光伏绿证成交价格最高为 900 元/张，最低为 581.7 元/张，平均为 666.4 元/张，累计成交额为 10.73 万元。绿证交易成交价格情况见表 4-3，如图 4-18 所示。

表 4-3 绿证交易成交价格情况

年　度	风光绿证成交价格/(元/张)			光伏绿证成交价格/(元/张)		
	最高	最低	平均	最高	最低	平均
2017	330	137.2	180.6	772.3	600.7	664
2018	289.5	128.6	186.1	900	586.6	643.4
2019	241.5	128.6	155.1	725	725	725
2020	193.9	128.6	139.9	518.7	518.7	518.7
2017—2020	330	128.6	177.2	900	581.7	666.4

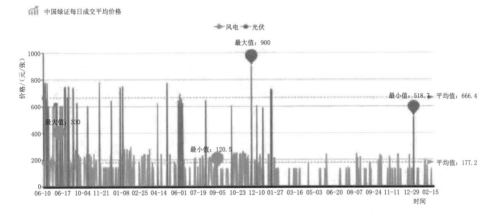

图 4-18　绿证交易成交价格情况

由图 4-18 和表 4-3 可以看出，3 年多来绿证交易没有形成应有的市场规模，成交比例低，并且成交量以及成交均价呈逐年下降趋势，成交额不到 650 万元，远远没有起到减轻中央可再生能源补贴资金压力，支持可再生能源风电、光伏产业发展的作用。总结原因，一是绿证交易没有与配额制结合，相关电力企业缺乏购买动力；二是交易价格存在上限，各省煤电电价与风电、光伏标杆电价差额不同，交易价格预期不同，天然形成了交易的不平衡；三是仅允许一次交易的规定，极大地限制了绿证的金融属性，影响了非电力领域的购买意愿。

2. 广东省可再生能源配额政策实施进展

2021 年 4 月 22 日，广东电力交易中心发布了关于印发《广东省可再生能源交易规则（试行）》的通知，2023 年 11 月 22 日，经广东省能源局、南方能源监管局批准同意，新版《广东省可再生能源交易规则（试行）》正式印发，规则适用于省级可再生能源交易，包括可再生能源电力交易和可再生能源消纳量交易等。

在可再生能源电力交易方面，其交易品种为年度和月度双边协商交易，适时考虑增加月度挂牌交易等交易品种。价格机制方面，成交价格由市场主体通过市场化交易的方式形成，第三方不得干预。

在可再生能源消纳量交易方面，交易品种为按月或按年组织开展双边协商交易、挂牌交易。价格机制方面，成交价格通过市场化方式形成，原则上不进行限价。为避免市场操纵及恶性竞争，需要对申报价格或结算价格设置上下限约束的，交易中心在交易开始前发布价格限制信息。

2021 年 4 月 19—21 日，广州电力交易中心联合南方五省区电力交易机构组织开展南方区域内首次可再生能源电力消纳量交易。本次交易标的是风光等非水可再生能源电力消纳量，由贵州电网公司作为卖方，与广东售电公司通过协商和挂牌交易方式自主确定成交价格和成交量。

为贯彻落实党中央、国务院关于碳达峰、碳中和的战略部署，加快构建以新能源为主体的新型电力系统，2021 年 9 月 7 日，绿电交易试点启动会在北京和广州同步召开。广州电力交易中心联合南方区域各省级电力交易中心组织开展南方区域首批省间和省内绿色电力交易。交易当日，南方区域共有 30 家市场主体成交绿色电力 9.1 亿 kW·h，其中风电、光伏分别为 3.0 亿 kW·h、6.1 亿 kW·h，体现环境价值的交易价格在风电、光伏现有价格的基础上平均提高了 0.027 元/(kW·h)，交易标的涵盖 2021 年内以及未来多年的绿色电力需求，最长需求周期达到 10 年，充分体现了电力用户较强的绿色发展理念和社会责任意识，合理反映了风电光伏绿色电力的环境价值。

4.3.4　可再生能源配额制发展趋势研判

绿证市场主体反应冷淡，与配额考核制度的缺席有着直接联系。为保证非水可再生能源项目可持续发展，按照《关于促进非水可再生能源发电健康发展的若干意见》（财建〔2020〕4 号）的要求，绿证交易必然与配额考核制度深度融合。这会直接影响煤电项目发电权，进一步提升市场交易活力。下面对可再生能源配额制与绿证市场发展趋势做出如下研判：

（1）绿证交易与可再生能源电力配额考核深度结合。关于配额考核制度，国家层面先后出台了两份文件，一份是 2016 年 4 月 22 日国家能源局印发的《国家能源局综合司关于征求建立燃煤火电机组非水可再生能源发电配额考核制度有关要求通知意见的函》，另一份是 2018 年 3 月 23 日，国家能源局综合司关于征求《可再生能源电力配额及考核办法（征求意见稿）》意见的函。上述两份关于配额考核的文件由同一部门发出，时间间隔不到两年，但在本质内容上却存在较大差距，对指导思路、考核主体、考核目标均作出了巨大调整。首先，思路从促进非水可再生能源发展调整到了促进非水可再生能源消纳；其次，随着思路的转变，考核主体由发电企业变为电网等配售电企业；最后，考核目标由 2020 年燃煤企业承担的非水可再生能源电量配额与火电发电量比重达到 15% 以上，调整为各省及行政区域内的预期指标，具体由电网企业等配售电企业执行。近年来，我国非水可再生能源发电项目装机规模不断攀升，风电和光伏发电装机容量实现了巨大的飞跃，在国家补贴等方面的大力扶持下，促进了技术提升、成本下降，虽然配额考核制度暂未正式实施，但是由上述两份文件看出，我国非水可再生能源发电项目发展的基本面已经发生变化，思路上从考核发电企业鼓励促进项目建设到考核电网企业保障消纳，再结合有关意见要求，以及中央财政补贴的退出、地方政府补贴项目难度大的现状，绿证交易必将与配额考核制度深度融合，无论是各个省级政府还是电网企业和发电企业均需参与其中，压力层层传导，尤其是电网配售非水可再生能源电量在所辖区域内无法满足的情况下，必将向下游发电企业提出要求，保证配额指标的实现。

（2）绿证交易价格金融属性释放不设上限。按照 2017 年《国家发展改革委 财政部 国家能源局关于试行可再生能源绿色电力证书核发及自愿认购交易制度的通知》（发改能源〔2017〕132 号），绿证认购价格按照不高于证书对应电量的可再生能源电价附加资金补贴金额，并且只能交易一次，当时政策出台的目的是解决可再生能源企业补贴资金不能及时到位的问题，与现在可再生能源发展背景已经不同，由于没有配额考核的限制，没有刚性购买需求，各区域内可再生能源项目标杆电价与煤电标杆电价差值不同，导致绿证交易价格预期不同，难以在同一起跑线上竞争，同时绿证不能用于配额指标，可交易不可使用，交易次数的限制也显得没有实际意义。

按照目前可再生能源发展形势，国家有关机构判断，风电、光伏发电项目已基本具备平价上网条件，且由于新增项目可享受的新增补贴十分有限，故判断，存量项目继续按照原有电价补贴政策享受补贴，同时也可参与绿证交易，但交易部分电量不再享受补贴，新增项目平价上网，产生的绿证可在全国范围内进行交易，在统一价格体系下竞争，价格不设限制（火电项目购买绿证成本与相应形成的发电效益能够有效保证价格稳定），国家通过调整配额考核指标调节供需平衡关系主导市场交易，充分释放绿证的金融属性。

（3）可再生能源电力配额考核主体。绿证交易是配额考核制度执行的载体，考核目标无论是电网企业还是发电企业，最终目的都是使发电侧非水可再生能源电量占比等于或大于配额考核标准，售电侧售出的非水可再生能源电量占比等于或大于配额考核标准，形成最终稳定的平衡，如不能满足要求，省级政府就会进一步要求发电企业按配额要求发电，发电企业就不得不在省内或跨区域购买绿证指标，同时加快省域内非水可再生能源项目开发。此外，如果全国能源产业转型完成，在考虑电网安全的情况下，配额指标不能无限制提升，受社会用电增速影响，非水可再生能源发电量大大超过全社会发电量的情况下，为保证发电企业生存，可能将大型高耗能用电企业纳入考核范围，按照配额购买绿证反哺发电企业，形成绿证交易与配额考核制度的最终模式。

4.3.5 可再生能源配额制发展难点与建议

施行配额制的目标是推进我国能源低碳转型，实现途径是通过制度设计激励厂商提高绿电投资并诱导其参与绿证交易。因此，有效推进我国配额制建设，关键在于制度的科学设计。针对我国可再生能源配额制发展难点，提出如下建议：

（1）科学实施制度的顶层设计，提高绿证市场的有效性。制度是自我实施的，作为制度供给者，政府应关注相关法律和非正式规则的制定，实现宏观调控厂商行为。一方面，通过规定基准配额并制定配套政策，激励厂商交易绿证，实现固定电价政策向配额制变迁。另一方面，科学设计配额制制度准参数，实现制度目标与厂商利润最大化目标相契合，诱导厂商交易绿证。

基准配额比例和绿证基准价格设定过高，会导致火电厂商负担过重，损害火电厂商利益，反之损害绿电厂商利益，进而削弱厂商参与绿证交易的积极性。因此，我国配额制建设中，需同时兼顾火电厂商和绿电厂商的利益，实现两者行为策略的均衡博弈，此时，强制性制度变迁成功，配额制成为一种有效的制度；反之绿证市场失灵，配额制成为一种无效的制度。此外，科学设定单位罚金是约束火电厂商遵循配额制的有效手段，提升单位罚金会促使火电厂商选择购买绿证，提高配额制的有效性。对规定时间内无法完成配额义务的主体应加以处罚，罚金至少应大于购买绿证的成本，使不履行配额义务的成本高于履行配额义务的成本。

（2）强化政府相关部门的协同，完善监督机制和加强制度环境建设。国家发展改革委、财政部和国家能源局应协同国家可再生能源信息管理中心制定有效的监督机制，促使配额承担主体履行义务。否则，配额承担主体会出于自身利益最大化而拒绝履行义务，这不仅影响绿证市场的公平效率，而且会破坏政府公信力，引发对规则的质疑，导致配额制失败。

加强绿证市场制度环境建设，切实降低绿证交易成本。交易成本是影响厂商行为的关键因素。我国配额制建设中，应加强绿证市场制度环境建设，提高其透明性和流动性，降低绿证交易成本，引导厂商交易绿证。

（3）统筹我国区域差异，注重地区间配额目标的差异化设计。我国可再生能源分布不均衡且地区经济社会发展差异较大，可再生能源主要分布在华北、西北和东北等不发达地区，而电力负荷主要分布在东南和华南等发达地区，两者在空间上呈现出逆向分布。因此，我国配额目标制定需综合考虑不同省（区、市）的资源禀赋、经济社会发展及电力需求等因素，科学设定地区配额目标，优化资源配置。此外，不同地区的配额目标应与本地可再生能源发展规划相互衔接，契合地区资源禀赋、经济社会发展和电力需求等特征，实现配额分配的公平性和有效性。如针对可再生能源发电并网已经严重超出本地消纳能力的再生能源富集区，需承担较高的配额比；否则反之。

（4）制订有序的配额制实施计划，做好与我国现行可再生能源政策的衔接过渡工作。我国固定电价政策，虽然成功促进了可再生能源产业发展，但并网消纳问题日益严重，且可再生能源资金补贴滞后严重损害了绿电厂商利益。施行配额制，通过市场机制解决我国可再生能源发电、并网和消纳已成为其可持续发展的必然选择。配额制的施行势必冲击我国现行可再生能源政策体系，因此，需制订有序的实施计划，实现由固定电价政策向配额制政策的过渡。

配额制施行初期，为避免双重补贴，需要清晰界定配额制和固定电价政策的适应条件和技术范围，确保同一可再生能源项目不能同时适用两项政策。如在我国 2017 年实施的绿证自愿认购中，明确界定了只有可再生能源电价附加资金补助目录内的陆上风电和非分布式光伏发电项目才有资格申请绿证。2018 年配额制正式实施后，我国将会逐渐准许范围更广的可再生能源发电项目参与配额制。

我国配额制施行初期，应以固定电价为主，侧重于对成本较高、技术不成熟的可再生能源发电的补贴，配额制作为辅助，鼓励成本相对较低且技术成熟的可再生能源发电项目参与绿证交易。随着经验积累，配额制的施行应逐步转化为以配额制为主固定电价为辅，兼顾新兴的不成熟的可再生能源发电技术（如潮汐发电）的发展，确保可再生能源市场的多样化发展，提高能源供给安全。直至可再生能源发电的技术经济条件成熟，配额制完成对固定电价政策的替代。

4.4 我国碳配额制发展现状及政策战略

4.4.1 碳配额制发展现状

我国碳市场建设起步较晚，2011 年开始在北京、天津、上海、重庆、湖北、广东和深圳七个省市开展碳交易试点建设。2016 年 12 月 22 日，福建碳市场开市，成为国内第 8 个碳交易试点。2021 年 7 月 16 日，全国碳排放市场上线交易，地方试点市场与全国碳市场并存。我国试点碳市场已经成长为全球配额成交量第二大碳市场，试点省市碳市场共覆盖钢铁、电力、水泥等 20 多个行业，接近 3000 家企业，发电行业为首个纳入全国碳市场的行业，有效推动了试点省市应对气候变化和控制温室气体排放工作。截至 2021 年 11 月 10 日，全国碳市场共运行 77 个交易日，配额累计成交量达到 2344.04 万 t，累计成交额突破 10 亿元，达到 10.44 亿元。

制度体系方面。我国积极推动《碳排放权交易管理暂行条例》出台，编制了《全国碳排放权登记交易结算管理办法（试行）》，以及碳排放报告核查的配套文件。2021 年 1 月 5 日，生态环境部正式发布《碳排放权交易管理办法（试行）》（以下简称《办法》），对全国碳排放权交易及相关活动进行规范管理，《办法》自 2021 年 2 月 1 日起施行。《办法》明确指出温室气体重点排放单位以及符合国家有关交易规则的机构和个人是全国碳排放权交易市场的交易主体，并将确保碳排放数据真实性和准确性的责任压实到企业，力图通过市场倒逼机制，鼓励增加碳减排的投资，促进低碳技术的创新，形成经济增长的新动能。《办法》的出台标志着全国碳市场启动已具备所需的必要条件，意味着全国统一的碳交易市场即将到来。

碳市场基础设施建设方面。湖北、上海生态环境主管部门及相关的支撑单位研究制定了全国碳排放权注册登记系统和交易系统的施工建设方案。

碳交易机构方面。目前，我国已获正式备案的国家温室气体自愿减排交易机构（碳交易所）达到 9 家，包括北京环境交易所、天津排放权交易所、上海环境能源交易所、广州碳排放权交易所、深圳排放权交易所、重庆联合产权交易所、湖北碳排放权交易中心、四川联合环境交易所、福建海峡股权交易中心。9 家碳交易机构结合地区实际，在市场体系构建、配额分配和管理、碳排放测量、报告与核查等方面进行了深入探索。

配额分配方面。生态环境部于 2020 年 12 月 30 日正式发布了《2019—2020 年全国碳排放权交易配额总量设定与分配实施方案（发电行业）》，筛选确定纳入 2019—2020 年全国碳市场配额管理的重点排放单位名单，并实行名录管理。

深化全国碳市场相关基础工作方面。结合全国碳市场下一步明确扩大覆盖范围的需要，从 2013 年开始，我国已组织开展了相关行业企业的碳排放数据报告与核查工作，除发电行业以外，还涵盖建材、有色、钢铁、石化、化工、造纸、航空等行业。

我国温室气体自愿减排交易机制（CCER）已申请成为国际民航组织认定的 6 种合格的碳减排机制之一。下一步，我国将推动温室气体自愿减排交易机制发展成为全国碳市场的抵消机制。

总体上，经过"十二五"试点先行，"十三五"全国碳市场基础建设，"十四五"将是我国碳市场的快速发展期。我国将力争实现从试点先行到建立全国统一市场，实现从单一市场、单一行业突破，把多行业纳入，实现从启动交易到持续平稳运行。

4.4.2 碳配额制政策战略

我国碳市场目前仍处于探索和完善阶段，国家在碳市场建设初期出台了大量政策对碳市场进行引导、监督，通过必要的行政干预减少和化解碳市场中存在的风险。碳配额相关政策战略见表4-4。

表4-4 碳配额相关政策战略

年份	政 策	主 要 内 容
2010	《国务院关于加快培育和发展战略性新兴产业的决定》（国发〔2010〕32号）	提出要建立和完善主要污染物和碳排放交易制度
2011	《国家发展改革委办公厅关于开展碳排放权交易试点工作的通知》（发改办气候〔2011〕2601号）	要求试点的地区积极探索有利于节能减排和低碳产业发展的体制机制，研究运用市场机制推动控制温室气体排放目标的落实
2011	《"十二五"节能减排综合性工作方案》（国发〔2010〕32号）	提出开展碳排放交易试点，建立自愿减排机制
2011	《"十二五"控制温室气体排放工作方案》	全面部署控制温室气体排放的重点工作，方案对目标任务作了分解，明确了各地区单位生产总值二氧化碳排放下降指标
2012	《温室气体自愿减排交易管理暂行办法》	对交易主体、原则、交易量、方法学的使用或建立、交易量管理等具体内容作了详细规定，使自愿减排交易市场获得了规范
2014	《碳排放权交易管理暂行办法》	指导推动全国碳市场的建立和发展
2016	《国家发展改革委办公厅关于切实做好全国排放权交易市场启动重点工作的通知》（发改办气候〔2016〕57号）	协同推进全国碳排放权交易市场建设，确保2017年启动全国碳排放权交易，实施碳排放交易制度
2016	《关于构建绿色金融体系的指导意见》	发展各类碳金融产品，促进建立全国统一的碳排放权交易市场和有国际影响力的碳定价中心，有序发展碳远期、碳掉期、碳期权、碳租赁、碳债券、碳资产证券化和碳基金等碳金融产品和衍生工具，探索研究碳排放权期货交易
2016	《"十三五"控制温室气体排放工作方案》	完善碳排放权交易法规体系，2017年启动全国碳排放权交易市场，到2020年力争建成制度完善、交易活跃、监管严格、公开透明的全国碳排放权交易市场，实现稳定、健康、持续发展
2017	《全国碳排放权交易市场建设方案（发电行业）》	强调建立碳排放权交易市场，是利用市场机制控制温室气体排放的重大举措，也是深化生态文明体制改革的迫切需要，有利于降低全社会减排成本，有利于推动经济向绿色低碳转型升级
2019	《大型活动碳中和实施指南（试行）》	推动践行低碳理念，弘扬以低碳为荣的社会新风尚，规范包括演出、赛事、会议、论坛、展览等大型活动碳中和实施

年份	政　策	主　要　内　容
2020	《碳排放权交易管理办法（试行）》	落实建设全国碳排放权交易市场的决策部署，在应对气候变化和促进绿色低碳发展中充分发挥市场机制作用，推动温室气体减排，规范全国碳排放权交易及相关活动
2020	《2019—2020 年全国碳排放权交易配额总量设定与分配实施方案（发电行业）》	正式出台全国碳市场配额分配方案，要求 2021 年 1 月 29 日前完成预分配。配套印发重点排放单位名单，全国碳市场第一个履约周期正式启动
2021	《碳排放权登记管理规则（试行）》	明确注册登记机构根据生态环境部制定的碳排放配额分配方案和省级生态环境主管部门确定的配额分配结果，为登记主体办理初始分配登记
2021	《碳排放权交易管理办法（试行）》	明确碳排放配额交易以"每 tCO_2-e 价格"为计价单位，买卖申报量的最小变动计量为 $1tCO_2-e$，申报价格的最小变动计量为 0.01 元人民币
2021	《碳排放权结算管理规则（试行）》	明确注册登记机构应当选择符合条件的商业银行作为结算银行，并在结算银行开立交易结算资金专用账户，用于存放各交易主体的交易资金和相关款项

4.4.3　碳配额制实施进展

碳交易又被分为项目型和配额型两种形态，即一种是基于项目的碳交易，另一种是基于配额的碳交易。我国作为发展中国家，基于项目的碳交易主要涉及清洁发展机制（CDM），基于配额的碳交易是以试点区域为主进行碳配额交易。总的来说，我国碳交易市场发展经历了试探性 CDM 阶段、试点配额交易阶段、2017 年全面启动全国碳排放交易体系三个阶段。

1. 我国基于项目的碳交易市场现状

我国作为发展中国家，基于项目的碳交易主要涉及清洁发展机制（CDM），我国是全球最大的 CDM 项目供应国。当前，我国碳交易市场主要有以下特征：

（1）项目结构不均衡，偏向新能源和可再生能源。从国家发展改革委已批准 CDM 项目来看，根据中国清洁发展机制网 CDM 项目数据库数据统计整理，截至 2016 年 8 月 23 日，国家发展改革委已批准 CDM 项目 5074 个，主要涉及新能源和可再生能源、节能和提高能效、燃料替代、甲烷回收利用、N_2O 分解消除、垃圾焚烧发电、HFC-23 分解、造林和再造林、其他项目 9 大类型。其中，新能源和可再生能源项目 3733 个，项目数最多，占国家发展改革委已批准项目总数的 73.57%；已批准新能源和可再生能源项目估计年减排量 $459401583tCO_2-e$，占国家发展改革委已批准项目估计年减排量总量的 58.74%。从我国在执行理事会获得签发项目来看，根据中国清洁发展机制网 CDM 项目数据库数据统计整理，截至 2017 年 8 月 31 日，我国在执行理事会获得签发项目 1557 个，其中，新能源和可再生能源项目 1267 个，占我国在执行理事会获得签发项目总数的 81.37%；在执行理事会获得签发新能源和可再生能源项目估计年减排量为 $178785845tCO_2-e$，占我国在执行理事会获得签发项目估计年减排量总量的 49.94%。从上述数据可以看出，我国新能源和可再生能源项目所占比重比较大，占绝对主导地位，是我国在执行理事会获得签发的主要领域。

（2）项目区域性分布不均衡，"西多东少"。我国已批准 CDM 项目数分布情况见表 4-5，从表 4-5 反映的已批准 CDM 项目数在我国 31 个省市区（除港澳台外）分布情况可见，截至 2016 年 8 月 23 日，国家发展改革委已批准 CDM 项目 5074 个。其中：西部地区项目偏多，西部地区 12 个省市区批准项目 2638 个，占国家发展改革委已批准项目总数的 51.99%，西部地区占据了半壁江山；东部地区 11 个省市区批准项目 1262 个，占国家发展改革委已批准项目总数的 24.87%，与西部地区相比，东部地区项目数偏少。

表 4-5　　　　　　　　我国已批准 CDM 项目数分布情况

省市区	项目数/个	所占百分比/%	排名	省市区	项目数/个	所占百分比/%	排名	省市区	项目数/个	所占百分比/%	排名
四川	565	11.14	1	宁夏	162	3.19	12	安徽	96	1.89	23
云南	483	9.52	2	辽宁	158	3.11	13	江西	85	1.68	24
内蒙古	381	7.51	3	吉林	155	3.05	14	重庆	80	1.58	25
甘肃	269	5.3	4	黑龙江	141	2.78	15	青海	72	1.42	26
河北	258	5.08	5	湖北	136	2.68	16	北京	29	0.57	27
山东	249	4.91	6	江苏	131	2.58	17	上海	25	0.49	28
新疆	201	3.96	7	广西	128	2.52	18	海南	25	0.49	29
湖南	200	3.94	8	广东	125	2.46	19	天津	18	0.35	30
山西	187	3.69	9	福建	123	2.42	20	西藏	0	0	31
贵州	175	3.45	10	陕西	122	2.4	21	合计	5074	100	
河南	174	3.43	11	浙江	121	2.38	22				

我国已签发 CDM 项目数分布情况见表 4-6，从表 4-6 反映的我国获签发 CDM 项目数在我国 31 个省市区（除港澳台外）分布情况可见，截至 2017 年 8 月 31 日，我国在执行理事会获签发项目数居全国前 4 位的是内蒙古、云南、四川、甘肃，其中：内蒙古获签发项目 194 个，居全国第 1 位；云南、四川、甘肃获签发项目分别为 157 个、117 个、108 个，分别居全国第 2、第 3、第 4 位。西部地区 12 个省市区获签发项目数为 826 个，占我国在执行理事会获签发项目总数的 53.05%；东部地区 11 个省市区获签发项目 406 个，占我国在执行理事会获签发项目总数的 26.08%。从上述数据可以看出，西部地区是我国在执行理事会获签发的主要区域。

表 4-6　　　　　　　　我国已签发 CDM 项目数分布情况

省市区	项目数/个	所占百分比/%	排名	省市区	项目数/个	所占百分比/%	排名	省市区	项目数/个	所占百分比/%	排名
内蒙古	194	12.46	1	湖南	65	4.17	7	吉林	43	2.76	13
云南	157	10.08	2	辽宁	63	4.05	8	广东	42	2.7	14
四川	117	7.51	3	贵州	56	3.60	9	福建	41	2.63	15
甘肃	108	6.94	4	新疆	50	3.21	10	陕西	40	2.57	16
河北	85	5.46	5	湖北	49	3.15	11	河南	39	2.5	17
山东	71	4.56	6	江苏	46	2.95	12	山西	38	2.44	18

续表

省市区	项目数/个	所占百分比/%	排名	省市区	项目数/个	所占百分比/%	排名	省市区	项目数/个	所占百分比/%	排名
安徽	34	2.18	19	江西	25	1.61	24	上海	6	0.39	29
广西	33	2.12	20	重庆	23	1.48	25	天津	2	0.13	30
黑龙江	32	2.06	21	青海	18	1.16	26	西藏	0	0	31
宁夏	30	1.93	22	海南	11	0.71	27	合计	1557	100	
浙江	30	1.93	23	北京	9	0.58	28				

综上所述，从项目的地域分布来看，呈现"西多东少"的特征。项目主要分布于经济发展水平相对低的西部欠发达地区，例如内蒙古、云南、四川和甘肃4省（自治区）项目数长期稳居前4位。西部地区项目数量偏多，而经济发展水平相对较高的东部发达地区则偏少，例如天津、江苏、浙江、上海等，区域分布不平衡。

2. 我国基于配额的碳交易市场现状

我国基于配额的碳交易是以试点区域为主进行碳配额交易。碳市场建设需要大量的法规、技术、数据及能力建设作基础，且中国碳市场规模巨大，其建设和运行具有复杂性和艰巨性。因此，在启动全国碳市场之前，中国选择部分省市开展试点工作。2011年10月29日，《国家发展改革委办公厅关于开展碳排放权交易试点工作的通知》（发改办气候〔2011〕2601号）中提到，同意北京、天津、上海、重庆、湖北、广东、深圳7个省市开展碳排放权交易试点。2013年6月18日，深圳碳市场率先启动，2013年11月26日—2014年6月19日，上海、北京、广东、天津、湖北、重庆碳市场陆续开市。除上述7个试点碳市场外，2016年12月22日，福建碳市场开市，成为国内第8个碳交易试点。此外，2016年4月27日，国家发展改革委发出《温室气体自愿减排交易机构备案通知书》，同意将四川联合环境交易所纳入备案交易机构。

2021年7月16日，全国碳排放市场上线交易，地方试点市场与全国碳市场并存。在全国碳排放交易机构成立前，全国碳排放权交易市场交易中心位于上海，碳配额登记系统设在武汉，企业在湖北注册登记账户，在上海进行交易，两者共同发挥全国碳交易体系的支柱作用。发电行业成为首个被纳入全国碳市场的行业，纳入重点排放单位超过2000家，这些企业碳排放量超过40亿tCO_2。

截至2021年6月，试点省市碳市场累计配额成交量4.8亿tCO_2-e，成交额约114亿元。2021年7月16日，全国碳市场碳排放配额（CEA）挂牌协议交易成交量4103953t（折合超410万t），成交额210230053.25元（折合超2.1亿元），收盘价51.23元/t，较开盘价上涨6.73%。

（1）制定碳交易总量目标、覆盖范围和纳入门槛。试点地区根据相关指标数据制定温室气体总量目标，这些指标主要包括区域经济发展状况、CO_2、强度目标以及企业历史排放等。从碳排放量情况看，天津的碳排放量占全市排放量的60%，是试点地区最高的；其次是广东、上海，分别为58%、57%；再次是北京、深圳、重庆，分别为40%、40%、39.5%；湖北碳排放量占全省排放量的33%，是试点地区最低。从企业纳入门槛看，交易门槛设立最高的是湖北，最低的是天津。从首批纳入企业数来看，深圳首批企业数635家，是试点地区最多的；其次是北京、重庆、广东、上海，分别为 490 家、242 家、202 家、197 家，天津首批企业数 114 家，是试点地区最少的。从管控的温室气体类别来看，重庆涵盖了 6 种温室气体，其余各地都是仅涵盖 CO_2 一种温室气体。试点碳市场机制设计情况（一）见表 4 - 7。

表 4 - 7　　　　　　　　　　试点碳市场机制设计情况（一）

试点地区	碳排放量情况	覆盖行业范围	首批纳入企业数	管理的温室气体类别	企业纳入门槛
北京	总量：约 0.5 亿 t 占区域碳排放比例：约占全市排放量的 40%	电力、水泥、热力、石化、服务业及其他工业	490	CO_2	控排单位 5000（含）tCO_2 以上
上海	总量：约 1.56 亿 t 占区域碳排放比例：约占全市排放量的 57%	石化、钢铁等 10 个工业行业；7 个非工业行业	197	CO_2	工业 2 万 tCO_2，非工业 1 万 tCO_2
天津	总量：约 1.6 亿 t 占区域碳排放比例：约占全市排放量的 60%	钢铁、电力、热力、化工、石化和油气开采	114	CO_2	自 2009 年排放 2 万 tCO_2 以上
深圳	总量：约 0.3 亿 t 占区域碳排放比例：约占全市排放量的 40%	26 个工业行业；大型公共建筑	635	CO_2	3000tCO_2，政府机关及大型公建
广东	总量：约 4.22 亿 t 占区域碳排放比例：约占全省排放量的 58%	钢铁、电力、石化和水泥	202	CO_2	2 万 tCO_2
重庆	总量：约 1.3 亿 t 占区域碳排放比例：占全市排放量的 39.5%	钢铁、电力、化工、水泥等工业行业	242	6 种温室气体	2 万 tCO_2
湖北	总量：约 2.57 亿 t 占区域碳排放比例：约占全省排放量的 33%	水泥、钢铁、电力、玻璃等 12 个工业行业	138	CO_2	综合能耗 1 万 t 标准煤及以上

（2）采用历史排放法和标杆法相结合分配排放配额。试点地区绝大部分初始配额都是免费分配，只有广东、湖北尝试了拍卖方式。采用的配额分配方法也不尽相同，大都采用两种或两种以上的方法相结合进行配额分配，根据相关指标的数据制定各个行业不同的免费发放标准，这些指标主要包括区域经济发展状况、能源结构等。北京、上海、湖北、广东、天津等试点地区对除电力行业以外的工业行业大都采用历史排放法确定配额，历史排放数据可得性较好的行业采用基准线法确定配额。北京市重点碳排放单位配额核定方法见表 4 - 8。

表 4 - 8　　　　　　　　　北京市重点碳排放单位配额核定方法

行业类型	配额核定方法	较上年变化
火力发电（热电联产）行业	基准线法：包括供电配额和供热配额两部分	1）机组类型由 3 类变为 2 类，取消了燃煤机组 2）发电企业中纯供热的设施（非热电联产供热），按照热力生产和供应行业配额核定方法核发配额

行业类型	配额核定方法	较上年变化
水泥、石化、其他服务业、其他行业（电力供应、水的生产和供应及其他发电行业除外）	历史总量法：包括既有设施配额、新增设施配额、配额调整量三部分	1）基准年变化 2）配额调整量核定条件及方法变化
热力生产和供应行业，其他行业中电力供应、水的生产和供应及其他发电行业	历史排放法：包括既有设施配额、新增设施配额两部分	1）基准年变化 2）电力供应、其他发电行业首次单独提出 3）减少了配额调整量部分
交通行业	固定设施采用历史总量法，移动设施采用历史排放法	基准年变化

（3）夯实了技术基础和能力。温室气体排放量的测量（M）、报告（R）以及排放报告的核查（V）是碳交易市场运行的关键要素。7个试点地区MRV机制各具特色，覆盖范围也不同。一是7个试点地区制定温室气体排放测量、报告与核查制度，建设排放信息电子报送系统、遵约登记簿、交易所和交易系统，为碳交易制度的实施打下了坚实的技术基础。二是7个试点地区根据覆盖的范围制定了分行业的核算报告指南或地方标准，碳排放核算和报告指南已经覆盖20多个分行业，核查企业的遵约年数根据历史数据，也可以是第三方核查。三是7个试点地区设立了第三方核查机构和核查员的准入标准，实行严格备案制度，进行严格监管，目前已经有87家核查机构通过了准入标准，进行了备案。试点碳市场机制设计情况（二）见表4-9。

表4-9　　　　　　　　　　　试点碳市场机制设计情况（二）

试点地区	配额分配方法	MRV	惩罚机制
北京	历史总量法和基准线法	公布了企业（单位）二氧化碳排放核算和报告指南以及碳排放权交易核查机构管理办法	市场均价3～5倍罚款
上海	历史强度法、历史排放法和基准线法	公布了上海市温室气体排放核算与报告指南，含9个行业核算与报告方法；公布了第三方核查机构管理办法	5万～10万元罚款
天津	历史总量法和基准线法	发布1个碳排放报告编制指南，5个行业核算指南	限期改正，3年不享受优惠政策金
深圳	总量控制法	公布了组织的温室气体排放量化和报告规范及指南、建筑物温室气体排放的量化和报告规范指南，以及组织的温室气体排放核查规范及指南	下年扣除，市场均价3倍罚款
广东	基准线法、历史强度下降法和历史排放法	制定了《广东省企业碳排放报告通则》和4个行业碳排放核算指南，以及《广东省企业碳排放核查规范》	5万元罚款
重庆	总量控制法与历史排放法结合	制定了工业企业碳排放核算和报告指南，以及企业碳排放核算、报告和核查细则，核查工作规范	未缴纳部分处以3倍市价罚款
湖北	历史总量法、标杆法和历史强度法	制定了《温室气体监测量化和报告指南》、1个通则和11个行业指南；制定了碳排放交易核查指南及第三方核查机构备案管理办法	未缴纳部分处以1～3倍市价罚款，上限15万元

4.4.4　碳配额制发展趋势研判

结合国外碳排放交易体系经验，对于目前处于试点阶段的我国碳排放交易体系来说，碳配额制发展主要有如下趋势：

（1）在允许配额储存而限制配额预借的情况下，考虑采用更长的履约期来拓展时间灵活性。主要原因包括以下方面：①允许无限储存配额是考虑到政策制定者更希望激励企业进行早期减排行动，并让企业更关注较高的配额价格和碳排放交易体系的可持续性；②不允许无限制地预借配额是考虑到可能会产生逆向选择、时间不一致、道德风险等问题；③采用更长的履约期除了可以减少价格波动、降低成本、增加流动性，还可以提供长期的价格信号来激励技术创新和投资。

（2）在允许使用强制减排地理范围以外的碳补偿信用并对其使用数量和类型进行限制的情况下，考虑逐步建立区域碳市场连接。其主要理由包括：①限制碳补偿信用的使用数量并限制符合资质的减排项目类型主要是考虑到过多使用碳补偿信用可能会破坏环境整体性、降低配额价格而减少新技术投资激励；②建立区域碳市场连接，主要考虑到没有充分连接的碳市场需要处理碳泄漏和竞争等问题，另外，建立区域碳市场连接还需要注意不同区域的具体政策设计的差别，如配额发放、价格管理机制、配额的储存与预借、配额的抵消、监管方面的质量标准等。

总之，在无法达到完全的政策灵活性的情况下，今后我国的碳排放交易体系可以尝试采用更长的履约期以及逐步建立区域碳市场连接来拓展时间灵活性和空间灵活性，在一定程度上增加市场流动性、降低减排成本、缓解价格波动。

4.4.5　碳配额制发展难点与建议

我国碳交易市场发展应以减排为目标，以法律为保障，制定科学政策和合理减排目标，以市场为手段，形成良性的市场需求和市场价格，实现我国绿色低碳发展。针对我国碳配额制发展的难点，提出如下建议：

（1）健全碳交易法律法规体系。建立健全国家气候变化立法、节能及可再生能源法、污染控制法律制度等。制定《碳排放权交易法》，通过立法确立碳交易法律地位，明确参与主体权利义务、交易规则和法律责任，建立初始分配机制，规定惩罚标准，为碳交易市场发展提供法律依据和保障。建立健全规章制度，统一注册、登记、报告、监测和核证制度以及交易跟踪制度，为碳交易管理体制发挥效力提供制度保障。

（2）建立完善碳交易市场。以 7 个试点碳交易市场为中心，向全国辐射，建立全国性碳交易市场。利用已有的排放权交易所和 CDM 技术服务中心等机构，发挥其在构建区域性的信息平台和交易平台方面的作用，平稳有序地推进全国性的碳交易市场的建立与完善。

（3）制定排放总量目标，科学分配初始配额。严格控制碳排放总量，在分配方式上，应采用科学的拍卖方式，拍卖过程更加公平透明，也更易于激励企业减排和避免配额过剩，达到资源最大化利用。在制定的初始阶段，可以以免费配额为主，经过有层次、有步骤的发展，最终转化为拍卖发放的分配机制。为了实现公平公正原则，碳排放权分配制度应充分考虑到我国区域明显差异特点所导致的不同企业、不同地区经济承受能力和减排技术的不同，通过灵活的分配制度来调动企业参与到减排行动和碳排放市场的积极性。

（4）健全碳交易监督管理机制。建立碳排放信息披露制度，构建与完善环境监测管理机制；建立企业排放台账制度，对污染源实行精细管理，有效监控碳排放量；建立惩罚机制，加大查处和处罚力度，使得企业自觉地减少排放，达到控制总量和保护环境的总目标；加大监督管理力度，建立温室气体排放量监测平台；全面管理二氧化碳排放组织和交易机构，严格审查排放企业是否具有减排能力；定期对减排企业期内的碳排放、碳交易等情况检测、报告、追踪；完善价格交易制度，对于滥用转让权、非法转让排放权的买卖行为，监管部门一定要及时查处，严厉惩治，建设一个公平、公正的交易市场。

（5）加强碳金融交易产品创新。目前，我国碳金融产品种类单一，不能满足减排企业风险对冲、套期保值的现实需求，应鼓励金融机构创新碳金融产品，活跃市场，满足客户多层次、多样化的投融资需求，开展碳掉期交易、碳期货、碳期权、碳基金等金融创新，以专业化的碳金融产品，减少企业在碳配额交易中的潜在风险，降低履约成本，盘活碳金融资产，打破行业壁垒，有序推进碳排放权期货和期权交易活动，提升碳金融服务的市场影响力。

第 5 章

考虑绿证交易及碳交易的一般均衡模型

5.1 可计算一般均衡模型的特征

可计算一般均衡模型（Computable General Equilibrium Model，简称 CGE 模型），作为政策分析的前沿宏观经济模型，最早由 Johannsen 于 1960 年提出，可用于实现宏观经济的均衡模拟，现已在世界上得到了广泛的应用，并逐渐成为应用经济学的重要分支。

CGE 模型的核心理论———一般均衡理论，最早源于法国经济学家 Léon Walras 在其论著《纯粹经济学要义》中提出的"一般均衡"概念。他认为一般均衡理论需要宏观地、整体地看待经济系统，并研究其中各要素之间复杂的相互作用和相互依存关系。一般均衡理论考察的是整个经济系统中市场均衡和总量均衡，以及在一定条件下因供求关系变动所导致的价格变动，进而又使供求关系趋向均衡的经济变量的运动过程。

可计算一般均衡模型主要包括以下特征：

第一，在模型中应该包括理性行为的经济主体，即追求家庭效用最大化的居民、生产过程中追求收益最大化以及生产成本最小化的厂商等，这也就是"一般"的含义。除此之外，模型中的主体还包括政府、贸易伙伴、进口者与出口者等行为主体。

第二，"均衡"是指在价格机制作用下，市场所有的经济主体供给和需求达到均衡。作为宏观经济模型，CGE 模型主要通过对不同经济主体商品与要素的价格决定来刻画市场供给与需求的决定状况。

第三，模型可以运算出量化结果。CGE 模型的数据库主要由模型中的方程系数与参数构成。而方程的系数与参数则需通过 CGE 模型核心数据社会核算矩阵的校准来获得。社会核算矩阵表能够反映在给定年份下的商品和要素在产业、家庭（居民）、政府等部门之间的流动状况。

5.2 社会核算矩阵

社会核算矩阵（SAM）是一个全面的经济数据框架，代表了一个国家典型的经济情况。SAM 是一个方阵，其中每个账户由一行和一列表示，每个单元格表示从其列账户到其行账户的支付。因此，每一行和每一列分别表示收入和支出。可根据社会核算矩阵的基本编制原理，考虑可再生能源碳配额交易与碳排放权交易，编制与中国能源电力交易动态 CGE 模型相匹配的标准社会核算矩阵。由于国家统计局最新公开的投入产出表是 2017 年中国投入产出数据，所以可使用中国 2017 年的 SAM 作为基础数据。其中主要数据来自《2017 年中国投入产出表》《中国统计年鉴（2017）》《中国税务年鉴（2017）》《中国财政年鉴（2017）》、中国投入产出协会、政府间气候变化专门委员会和国际能源署。在编制该 SAM 的过程中，由于 SAM 中账户过多，数据搜集和整理的难度巨大，因此该 SAM 主体在采用以上统计数据的同时，部分数据为参考相关专著及论文整理的经验数据。未调平的中国宏观社会核算矩阵见表 5-1。

表 5-1　　　　　　　　　未调平的中国宏观社会核算矩阵　　　　　　　单位：亿元

	活动	商品	劳动	资本	居民	企业	政府	固定资产	存货	国外	汇总
活动		1462908								136665	1599573
商品	1064826				198536		73181	237750	10639		1584932
劳动	264134										264134
资本	199059										199059
居民			264134	22185		32711	14764			1376	335170
企业				180491							180491
政府	61124	2783			5820	22007				−196	91538
固定资产					130814	125772	14023			−22221	248388
存货								10639			10639
国外		119243		−3617							115626
汇总	1589143	1584934	264134	199059	335170	180490	101968	248389	10639	115624	

各账户的数据来源：

（1）商品账户。商品账户中的中间投入、居民商品消费、政府消费、固定资产投资、商品进口等数据来自《2017 年中国投入产出表》。

（2）劳动账户。要素市场中劳动增加值以及劳动收入来自《2017 年中国投入产出表》《中国统计年鉴（2017）》。

（3）资本账户。要素市场中资本增加值以及资本收入来自《2017 年中国投入产出表》。

（4）间接税账户。间接税汇总主要参考《中国财政年鉴（2017）》《2017 年中国投入产出表》等。

（5）关税账户。根据目前我国的海关税收管理准则，对国外进口产品将征收关税、国外商品增值税与消费税。由于海关税收统计并不完善，缺乏详细资料，因此将以上税种统一为进口关税，实际值参考相关论文及著作中的数据。

（6）补贴账户。根据论文研究需要，补贴账户里涉及可再生能源补贴以及节能减排相关商品补贴，其数据来自国家统计局，政府应拨补贴具体数据由相关统计方法计算可得，补贴赤字数据由以上二者数据差值计算而得。

（7）居民账户。居民账户中的企业及政府转移支付都是通过行列的余量计算得到的。

（8）企业账户。企业账户中的资本收入来自《中国财政年鉴（2017）》。

（9）政府账户。个人所得税和企业所得税来自《中国税务年鉴（2017）》。

（10）储蓄与投资账户。居民储蓄和政府储蓄来自《中国统计年鉴（2017）》，国外净储蓄来自行列的余量计算。

（11）进出口账户。进出口账户数据来自《2017 年中国投入产出表》。

在社会核算矩阵的编制过程中，由于其复杂性和多元性，往往会出现数据缺失、数据来源不一致以及估算的经验数据而导致的最终 SAM 行和列的汇总数据不相等。因为 CGE 模型基于各市场均衡来求解，因而建立宏观社会核算矩阵后必要的内容就是对不平等的社会核算矩阵进行调平。统计学家根据 SAM 的特性提出了一些数据平滑方法，如 RAS 法、交叉熵法、最小二乘法、Stone - Byron 法等。社会核算矩阵数据来源见表 5 - 2，采用 RAS 法调平后的中国宏观社会核算矩阵见表 5 - 3。

表 5 - 2　　　　　　　　　　　社会核算矩阵数据来源

行	列	描　　述	数据来源及其处理
活动	商品	国内总产出	2017 年投入产出表（I/O 表）
	国外	出口	I/O 表，出口
商品	活动	中间投入	I/O 表，中间使用合计
	居民	居民消费	I/O 表，居民消费支出
	政府	政府消费	I/O 表，政府消费支出
	固定资产	固定资本形成	I/O 表，固定资本形成总额
	存货	存货净变动	I/O 表，存货增加
劳动	活动	劳动者报酬	I/O 表中的"劳动者报酬"
资本	活动	资本回报	I/O 表中的"固定资产折旧"＋"营业盈余"
居民	劳动	劳动收入	I/O 表中的"劳动者报酬"
	资本	资本收入	2017 年资金流量表
	企业	企业转移支付	行余量
	政府	政府的转移支付	2018 年财政年鉴，政府的抚恤和社会救济费等对居民的转移支付
	国外	国外收益	2017 年国际收支平衡表
企业	资本	资本收入	列余量
政府	活动	生产税	2018 年中国财政年鉴，间接税汇总
	商品	进口税	2018 年中国财政年鉴，进口税收入（关税和进口环节税）
	居民	直接税	2018 年中国财政年鉴，个人所得税
	企业	直接税	2018 年中国财政年鉴，企业所得税
	国外	国外收入	2017 年国际收支平衡表，政府转移收入
固定资产	居民	居民储蓄	2017 年资金流量表
	企业	企业储蓄	列余量
	政府	政府储蓄	列余量
	国外	国外净储蓄	列余量
存货	固定资产	存货变动	I/O 表

续表

行	列	描　　　　述	数据来源及其处理
国外	商品	进口	海关统计，I/O 表：进口（不包含进口税）
	资本	国外资本投资收益	2017 年国际收支平衡表

表 5－3　　　　　　采用 RAS 法调平后的中国宏观社会核算矩阵　　　　　单位：亿元

	活动	商品	劳动	资本	居民	企业	政府	固定资产	存货	国外	汇总
活动		1462907								136666	1589144
商品	1064827				198536		65696	237750	10639		1584933
劳动	264134										264134
资本	199059										199059
居民			264134	22185		32711	13254			1376	335170
企业				180491							180490
政府	61124	2783			5820	22007				−196	91539
固定资产					130814	125772	12589			−22221	248388
存货								10639			10639
国外		119243		−3617							115625
汇总	1589144	1584933	264134	199059	335170	180490	91539	248388	10639	115625	

5.3　中国能源电力交易动态 CGE 模型的基本框架与方程体系

本书构建的中国能源电力交易动态 CGE 模型的基本框架为 4 个主要模块和 1 个辅助模块。主要模块为生产模块、收入与支出模块、市场模块以及能源-政策模块；辅助模块为宏观闭合及动态模块。4 个主体模块主要保证了 CGE 模型对中国宏观经济系统运行方式的刻画，辅助模块不仅保证了 CGE 模型的解处于市场均衡状态又使得模型具有动态递归效用，从而能够分析政策的长期影响趋势。CGE 模型框架如图 5-1 所示。

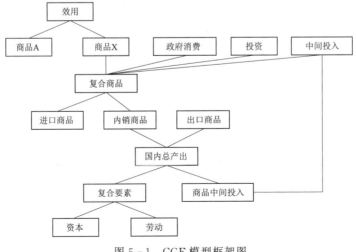

图 5－1　CGE 模型框架图

（1）资本和劳动两种生产要素进入到复合要素生产函数，合成商品所需要的复合要素。

（2）复合要素和商品之间的中间投入进入商品的国内总产出生产函数，生产出国内总产出。

（3）商品的国内总产出按照转换函数分为出口商品和国内消费的内销商品。

（4）用于国内消费的内销商品和进口商品以阿明顿复合生产函数形式组合，产生复合商品。

（5）复合商品分别用于居民消费、政府消费、投资和各企业部门的中间投入。

（6）居民对商品 A－商品 X 的消费进入到效用函数，并遵循居民效用最大化原则，形成效用。

5.3.1　生产模块

生产模块主要描述模型的商品与要素流通，用数学生产函数对各个生产部门（能源转移部门和非能源转移部门）的生产行为和优化条件进行刻画。CGE 模型生产模块框架如图 5－2，该图表示了各个生产部门的生产活动，每一个部门（发电商、售电商、大用户等）都是一个复合的 6 级生产函数，需要投入能源、附加值、中间产品等才能获得产出。模型采用多层次嵌套的生产函数来描述不同生产要素之间的替代关系，大部分都用常数替代弹性（Constant Elasticity of Substitution，CES）的生产函数，只有第一层嵌套使用里昂惕夫（Leontief）生产函数，如此设计的主要原因是基于有众多产业部门（或商品）所组成的大型投入产出表数据的实证 CGE 模型而言，其中包含了大量的内生变量，特别是

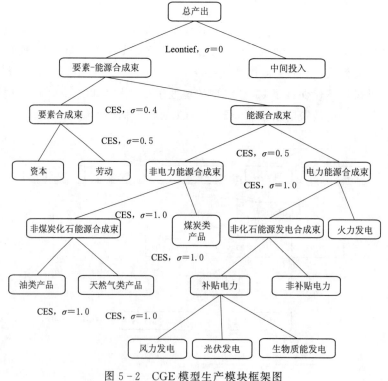

图 5－2　CGE 模型生产模块框架图

中间投入相关变量的数量，随着产业部门的增加呈现平方数量级的增加，出于减少模型的复杂程度和计算工作量，所以在有中间投入的生产函数中使用 Leontief 生产函数。

在这里有几个问题需要说明，首先 CGE 模型中的 CES 函数的替代弹性为外生的经验数据；其次，非化石能源发电分为包括可再生能源发电、核电等，补贴电力为可再生能源补贴电力，根据我国现行政策规定，水力发电属于可再生能源发电但不在可再生能源电价补贴范围内，因而水电被划分为非补贴电力，类似地，潮汐能、地热能发电等类型的可再生能源发电在我国也都存在相应发电站，因其发电量和消纳量太小，暂不予以算入 CGE 模型；最后，经济学意义上的要素包括资本、劳动、土地和企业家才能，而土地和企业家才能等要素很难被量化为价值数据，因而在 CGE 模型中没有土地和企业家才能等要素。

假设每一个生产者（以一个活动为代表）的目的都是使利润最大化，也就是以现有生产技术最大化，每项生产活动按照其固定收益系数只生产一种商品。嵌套的 CES 函数作为 CGE 模型的主要生产函数。然而，在生产模块框架顶层的总产出是由一个要素-能源合成束、中间投入、CES 的额外成本或收益以及碳交易成本按照 Leontief 生产函数合成的。第二层，要素-能源合成束则是由要素合成束和能源合成束按照 CES 函数合成的。第三层，包括要素合成束和能源合成束 2 个生产函数，其中要素合成束是由劳动和资本两种生产要素按照 CES 函数合成，能源合成束则是由非电力能源合成束和电力能源合成束按照 CES 合成。第四层中，非电力能源合成束由煤炭类产品和非煤炭化石能源合成束合成；电力能源合成束则是火力发电（化石能源发电）和非化石能源发电合成束合成，这两个函数也都是 CES 函数。第五层中，非化石能源发电合成束、非煤炭化石能源合成束按照 CES 生产函数分别由油类产品和天然气类产品、补贴电力和非补贴电力合成。最后一层中，补贴电力则由风力发电、光伏发电和生物质能发电合成。

（1）生产模块的第一层生产结构为

$$INT_{i,j} = \alpha_{i,j}^{int} Z_j \qquad (5-1)$$

$$VAE_j = \alpha_j^{vae} Z_j \qquad (5-2)$$

$$PZ_j = \alpha_j^{vae} PVAE_j + \sum_i \alpha_{i,j}^{int} PQ_i \qquad (5-3)$$

式中：$INT_{i,j}$ 为商品 i 对商品 j 的中间投入；Z_j 为国内商品 j 的总产出；VAE_j 为商品 j 要素-能源合成束；PZ_j，$PVAE_j$，PQ_i 分别为商品 j 的国内总产出价格、要素-能源合成束价格和商品 i 的国内消费价格；$\alpha_{i,j}^{int}$，α_j^{vae} 分别为一个单位第 j 种商品对第 i 种商品的中间投入系数，生产一个单位要素-能源合成束商品需要的第 j 种复合商品所相应的投入数量。

（2）生产模块的第二层生产结构为

$$VAE_i = \alpha_i^{vae} [\delta_i^{vae} VA_i^{\rho_i^{vae}} + (1-\delta_i^{vae}) ENE_i^{\rho_i^{vae}}]^{1/\rho_i^{vae}} \qquad (5-4)$$

$$\frac{PVA_i}{PENE_i} = \frac{\delta_i^{vae}}{1-\delta_i^{vae}} \left(\frac{ENE_i}{VA_i}\right)^{1-\rho_i^{vae}} \qquad (5-5)$$

$$PVAE_i \cdot VAE_i = PVA_i \cdot VA_i + PENE_i \cdot ENE_i \qquad (5-6)$$

式中：ENE_i 为第 i 种的能源合成束商品的投入数量；VA_i 为第 i 种的要素合成束商品的投入数量；$PENE_i$ 为第 i 种的能源合成束商品的价格；PVA_i 为第 i 种的要素合成束商

品的价格；δ_i^{vae} 为 VA_i 商品的投入份额系数；ρ_i^{vae} 为要素–能源合成束生产函数方程的替代参数。

（3）生产模块的第三层，分别表示 VA_i 和 ENE_i 的生产过程，其生产结构为

$$VA_i = \alpha_i^{va} \left[\delta_i^{va} LAB_i^{\rho_i^{va}} + (1-\delta_i^{va}) CAP_i^{\rho_i^{va}} \right]^{1/\rho_i^{va}} \qquad (5-7)$$

$$\frac{PLAB_i}{PCAP_i} = \frac{\delta_i^{va}}{1-\delta_i^{va}} \left(\frac{CAP_i}{LAB_i} \right)^{1-\rho_i^{va}} \qquad (5-8)$$

$$PVA_i \cdot VA_i = PLAB_i \cdot LAB_i + PCAP_i \cdot CAP_i \qquad (5-9)$$

$$ENE_i = \alpha_i^{ene} \left[\delta_i^{ene} QEL_i^{\rho_i^{ene}} + (1-\delta_i^{ene}) QNEL_i^{\rho_i^{ene}} \right]^{1/\rho_i^{ene}} \qquad (5-10)$$

$$\frac{PEL_i}{PNEL_i} = \frac{\delta_i^{ene}}{1-\delta_i^{ene}} \left(\frac{QNEL_i}{QEL_i} \right)^{1-\rho_i^{ene}} \qquad (5-11)$$

$$PENE_i \cdot ENE_i = PEL_i \cdot QEL_i + PNEL_i \cdot QNEL_i \qquad (5-12)$$

式中：LAB_i，CAP_i 分别为生产要素合成束商品 i 需要投入的劳动要素和资本要素的数量；QEL_i，$QNEL_i$ 分别为生产能源合成束商品 i 需要投入的电力合成束商品和非电力合成束商品的数量；$PLAB_i$，$PCAP_i$，PEL_i，$PNEL_i$ 分别为对应的劳动要素、资本要素、电力商品、非电力商品的价格；δ_i^{ene}，δ_i^{va} 分别为投入商品 QEL_i 和 LAB_i 的份额系数；α_i^{ene}，α_i^{va} 分别为一个单位商品的 ENE_i 和 VA_i 所需要投入的 LAB_i 和 CAP_i、QEL_i 和 $QNEL_i$ 的投入系数；ρ_i^{va}，ρ_i^{ene} 分别为要素和能源生产函数方程的替代参数。

（4）生产模块的第四层，分别表示 QEL_i 和 $QNEL_i$ 的生产过程，其生产结构为

$$QEL_i = \alpha_i^{el} \left[\delta_i^{el} QTP_i^{\rho_i^{el}} + (1-\delta_i^{el}) QNTP_i^{\rho_i^{el}} \right]^{1/\rho_i^{el}} \qquad (5-13)$$

$$\frac{PTP_i}{PNTP_i} = \frac{\delta_i^{el}}{1-\delta_i^{el}} \left(\frac{QNTP_i}{QTP_i} \right)^{1-\rho_i^{el}} \qquad (5-14)$$

$$PEL_i \cdot QEL_i = PTP_i \cdot QTP_i + PNTP_i \cdot QNTP_i \qquad (5-15)$$

$$QNEL_i = \alpha_i^{nel} \left[\delta_i^{nel} QCOA_i^{\rho_i^{nel}} + (1-\delta_i^{nel}) QNOS_i^{\rho_i^{nel}} \right]^{1/\rho_i^{nel}} \qquad (5-16)$$

$$\frac{PCOA_i}{PNOS_i} = \frac{\delta_i^{nel}}{1-\delta_i^{nel}} \left(\frac{QNOS_i}{QCOA_i} \right)^{1-\rho_i^{nel}} \qquad (5-17)$$

$$PNEL_i \cdot QNEL_i = PCOA_i \cdot QCOA_i + PNOS_i \cdot QNOS_i \qquad (5-18)$$

式中：QTP_i，$QNTP_i$ 分别为生产电力能源合成束商品 i 需要投入的火力发电和非化石能源发电；$QCOA_i$，$QNOS_i$ 分别为生产非电力能源合成束商品 i 需要投入的煤炭类合成商品和非煤炭类合成商品的数量；PTP_i，$PNTP_i$，$PCOA_i$，$PNOS_i$ 分别为对应的火电、非化石能源发电和煤炭类合成商品、非煤炭类合成商品的价格；δ_i^{el}，δ_i^{nel} 分别为投入与商品 QTP_i 和 $QCOA_i$ 的份额系数；α_i^{el}，α_i^{nel} 分别为一个单位商品的 QEL_i 和 $QNEL_i$ 所需要投入的 QTP_i 和 $QNTP_i$、$QCOA_i$ 和 $QNOS_i$ 的投入系数；ρ_i^{el}，ρ_i^{nel} 分别为电力和非电力生产函数方程的替代参数。

（5）生产模块的第五层，分别表示 $QNTP_i$ 和 $QNOS_i$ 的生产过程，其生产结构为

$$QNTP_i = \alpha_i^{ntp} \left[\delta_i^{ntp} QSRE_i^{\rho_i^{ntp}} + (1-\delta_i^{ntp}) QNSRE_i^{\rho_i^{ntp}} \right]^{1/\rho_i^{ntp}} \qquad (5-19)$$

$$\frac{PSRE_i}{PNSRE_i} = \frac{\delta_i^{ntp}}{1-\delta_i^{ntp}} \left(\frac{QNSRE_i}{QSRE_i}\right)^{1-\rho_i^{ntp}} \tag{5-20}$$

$$PNTP_i \cdot QNTP_i = PSRE_i \cdot QSRE_i + PNSRE_i \cdot QNSRE_i \tag{5-21}$$

$$QNOS_i = \alpha_i^{nos} [\delta_i^{nos} QOIL_i^{\rho_i^{nos}} + (1-\delta_i^{nos})QGAS_i^{\rho_i^{nos}}]^{1/\rho_i^{nos}} \tag{5-22}$$

$$\frac{POIL_i}{PGAS_i} = \frac{\delta_i^{nos}}{1-\delta_i^{nos}} \left(\frac{QGAS_i}{QOIL_i}\right)^{1-\rho_i^{nos}} \tag{5-23}$$

$$PNOS_i \cdot QNOS_i = POIL_i \cdot QOIL_i + PGAS_i \cdot QGAS_i \tag{5-24}$$

式中：$QSRE_i$，$QNSRE_i$ 分别为生产非化石能源发电合成商品 i 需要投入的获得补贴电力和非补贴电力；$QOIL_i$，$QGAS_i$ 分别为生产非煤炭类能源合成商品 i 需要投入的油类合成商品和天然气类合成商品的数量；$PSRE_i$，$PNSRE_i$，$POIL_i$，$PGAS_i$ 分别为对应的获得补贴电力、非补贴电力和油类合成商品、天然气类合成商品的价格；δ_i^{ntp}，δ_i^{nos} 分别为生产商品 $QNTP_i$ 投入的 $QSRE_i$ 和生产 $QNOS_i$ 投入的 $QOIL_i$ 份额系数；α_i^{ntp}，α_i^{nos} 分别为一个单位商品的 $QNTP_i$ 和 $QNOS_i$ 所需要投入的 $QSRE_i$ 和 $QNSRE_i$、$QOIL_i$ 和 $QGAS_i$ 的投入系数；ρ_i^{ntp}，ρ_i^{nos} 分别为煤炭类合成商品和非煤炭类合成商品的生产函数方程的替代参数。

（6）生产模块的第六层，表示 $QSRE_i$ 的生产过程，其生产结构为

$$QSRE_i = \alpha_i^{sre} [\delta_i^{wd} QWD_i^{\rho_i^{sre}} + \delta_i^{sn} QSN_i^{\rho_i^{sre}} + (1-\delta_i^{wd}-\delta_i^{sn})QBS_i^{\rho_i^{sre}}]^{1/\rho_i^{sre}} \tag{5-25}$$

$$\frac{PWD_i}{PSN_i} = \frac{\delta_i^{wd}}{\delta_i^{sn}} \left(\frac{QSN_i}{QWD_i}\right)^{1-\rho_i^{sre}} \tag{5-26}$$

$$\frac{PWD_i}{PBS_i} = \frac{\delta_i^{wd}}{1-\delta_i^{wd}-\delta_i^{sn}} \left(\frac{QBS_i}{QWD_i}\right)^{1-\rho_i^{sre}} \tag{5-27}$$

$$PSRE_i \cdot QSRE_i = PWD_i \cdot QWD_i + PSN_i \cdot QSN_i + PBS_i \cdot QBS_i \tag{5-28}$$

式中：QWD_i，QSN_i，QBS_i 分别为生产补贴电力合成商品 i 需要投入的获得补贴的风力发电、光伏发电和生物质能发电；PWD_i，PSN_i，PBS_i 分别为对应的风力发电、光伏发电和生物质能发电的价格；δ_i^{wd}，δ_i^{sn} 分别为生产商品 $QSRE_i$ 投入的 QWD_i 和 QSN_i 份额系数；α_i^{sre} 为生产一个单位商品的 $QSRE_i$ 所需要投入的 QWD_i、QSN_i 和 QBS_i 的投入系数；ρ_i^{sre} 为生产补贴电力生产函数方程的替代参数。

5.3.2 收入支出模块

收入支出模块为第二个模块，在 CGE 模型中由居民、企业和政府三个经济行为主体组成，CGE 模型收入支出模块示意如图 5-3 所示。在假设居民不存在类似选择消费闲暇和自愿失业等要素自我消费行为的前提下，居民的收入由企业转移支付、政府转移支付以及将所有的要素禀赋出售给企业而获得的收入构成。居民的支出完全用来支持各种商品的消费，通过对商品消费组合的选择来实现效用的最大化。在该 CGE 模型中，柯布-道格拉斯（Cobb Douglas，CD）生产函数被用于解释居民的效用最大化问题。国内企业的生产决策为投入要素、能源和中间投入产品来生产商品并且基于给定的生产技术约束以利润最大化为生产目标。另外，为了简化模型方程的规模与计算量，假定每个企业只生产一种产品，并不存在其他副产品。而 CD 形式的生产函数则用来表示投入要素来生产商品的生产

技术。本研究不对要素的稀缺性进行限定，而是在完整的 CGE 模型中通过市场出清来实现均衡配置。企业的收入包括企业的要素收入和商品的销售收入。企业的支出用于缴纳政府的生产税、企业储蓄和向其他机构的转移。政府的行为主要包括税收和政府消费。政府从对居民、企业、进出口商品征收的直接税、间接税、关税和转移支付中获得全部的税收。假设政府的所有税收收入全部用于政府消费，而且政府以固定的消费倾向来消费市场上的所有商品。值得说明的是，政府行为并不像居民和企业行为那样拥有比较成熟的微观理论基础，其很大程度上会根据研究的内容、目的、方向以及可以获得的数据的不同来发展相应的模型，政府行为的刻画只是其中一种假设而已。

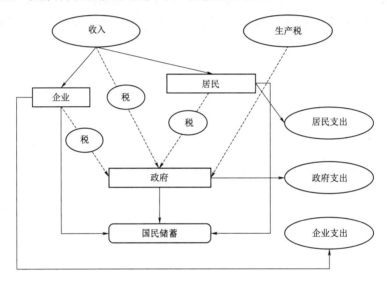

图 5 - 3 CGE 模型收入支出模块示意图

收入支出模块的方程介绍如下：

（1）组成企业经济行为的方程为

$$F_h = \frac{\beta_h \cdot PVA_j \cdot VA_j}{\beta_j \cdot PF_h} \tag{5-29}$$

$$Ine = \sum_i PCAP_i^e \cdot CAP_i^e \tag{5-30}$$

$$TRE = Ine + Subsn + Subwd + Subbs - Se - Te - Defsn - Defbs - Defwd \tag{5-31}$$

$$Se = sse \cdot (Ine + Subsn + Subbs + Subwd) \tag{5-32}$$

$$Te = taue \cdot (Ine + Subsn + Subbs + Subwd) \tag{5-33}$$

$$TZ_i = \tau^z \cdot PZ_i Z_i \tag{5-34}$$

式中：F_h 为要素禀赋；h 为要素种类；j 为商品种类；β_h 为要素投入的份额系数；β_j 为商品投入的份额系数；PF_h 为要素价格；Ine 为企业的要素收入；TRE 为企业转移给居民的转移支付；$Subsn$，$Subwd$，$Subbs$ 分别为企业实际获得的光伏发电、风力发电和生物质能发电的补贴收入；$Defsn$，$Defwd$，$Defbs$ 分别为企业没有获得的光伏发电、风力发电和生物质能发电的补贴收入（这里为补贴资金赤字表示）；Se 为企业的储蓄情况；sse 为企业储蓄系数（外生固定）；Te 为企业所缴纳给政府的企业所得税；$taue$ 为企业所得税的税负系数（外生固定）；TZ_i 为企业生产商品 i 所缴纳给政府的生产税；τ^z 为企业生产税的税负系数（外生固定）；PZ_iZ_i 为企业生产总产出价格。

式（5-3）以及式（5-29）～式（5-34）组成企业经济行为，其中式（5-29）是经过拉格朗日乘数法推导得到的变形方程。

（2）组成居民经济行为的方程为

$$XP_i = \frac{\beta_i^{xp}}{PQ_i}(Inp + TRE + TRG - SP - TD) \tag{5-35}$$

$$SP = ss^p(Inp + TRE + TRG) \tag{5-36}$$

$$Inp = \sum_i (PCAP_i^h \cdot CAP_i^h + PLAB_i^h \cdot LAB_i^h) \tag{5-37}$$

$$Td = \tau^d(Inp + TRE + TRG) \tag{5-38}$$

式中：Inp 为居民的要素禀赋所获得的收入；β_i^{xp} 为居民对商品 i 消费的消费倾向（外生固定）；PQ_i 为商品 i 的消费价格；TRG 为政府转移给居民的转移支付；XP_i 为居民消费商品 i 的数量；SP 为居民的储蓄情况；ss^p 为居民储蓄系数（外生固定）；TD 为居民所缴纳给政府的个人所得税；τ^d 为个人所得税的税负系数（外生固定）；LAB_i^h，CAP_i^h 分别为生产要素合成束商品 i 需要投入的劳动要素和资本要素的数量；$PLAB_i^h$；$PCAP_i^h$ 分别为对应的劳动要素、资本要素的价格。

（3）组成政府经济行为的方程为

$$XG_i = \frac{\mu_i}{PQ_i}\left(\begin{array}{l} TD + TE + \sum_i TZ_i + \sum_i TM_i - \\ Sg - TRG - Tsubwd - Tsubsn - Tsubbs \end{array}\right) \tag{5-39}$$

$$Sg = ssg \cdot (Td + \sum_i Tm_i + \sum_i Tz_i + Te) \tag{5-40}$$

$$TRG = ttrg \cdot (Td + \sum_i Tm_i + \sum_i Tz_i + Te) \tag{5-41}$$

式中：XG_i 为政府消费商品 i 的数量；μ_i 为政府对商品 i 的消费倾向（外生固定）；TM_i 为政府对进口商品 i 征收的进口税；$Tsubsn$，$Tsubwd$，$Tsubbs$ 分别为政府应该支付给企业的光伏发电、风力发电和生物质能发电的补贴资金；Sg 为政府的储蓄情况；ssg 为政府的储蓄系数（外生固定）；$ttrg$ 为政府转移给居民的转移支付的份额系数（外生固定）。

5.3.3　市场模块

市场模块为第三个模块，包括国内市场与国际贸易市场，CGE 模型市场模块示意如图 5-4 所示。对于国际贸易而言，需要考虑处理本国货币结算的价格与外币结算的价格之间的关系。作为一个开放的宏观经济模型，国内商品和进出口商品之间的差异性与相似性也应该考虑在内。因为实际中，同一类商品既有进口又有出口，即所谓的双向贸易。国内消费、国内生产、国外生产（进口）和国外消费（出口）是通过以下两种方法转换的：一种是进口商品和国内商品的替代；另一种

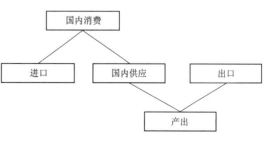

图 5-4　CGE 模型市场模块示意图

是出口和国内销售的转换。因此用阿明顿假设和 CET 转换函数来解释国内商品与进口商品以及国内商品与出口商品之间不完全替代的关系。阿明顿假设意味着模型中的居民和企业并不是直接消费和使用进口商品，而是由进口商品和相应的国内生产用于国内消费的商品组成的所谓阿明顿复合商品。

市场模块的方程介绍如下：

（1）最优化条件下的进口商品和国内生产国内消费商品之间的需求函数为

$$D_i = \left[\frac{\gamma_i^{\eta_i} \delta d_i PQ_i}{PD_i} \right]^{\frac{1}{1-\eta_i}} Q_i \tag{5-42}$$

$$M_i = \left[\frac{\gamma_i^{\eta_i} \delta m_i PQ_i}{(1+\tau_i^m) PM_i} \right]^{\frac{1}{1-\eta_i}} Q_i \tag{5-43}$$

其中 $\qquad \eta_i = (\sigma_i - 1)/\sigma_i, \ \eta_i \leqslant 1$

式中：D_i 为商品 i 的国内销售数量；M_i 为商品 i 的进口数量；Q_i 为复合商品 i 的消费数量；γ_i 为 ACC 生产函数的比例系数；δm_i，δd_i 分别为 ACC 生产函数进口与内销份额系数，且二者之和等于 1；PQ_i 为复合商品 i 的消费价格；PM_i 为商品 i 的进口价格；PD_i 为商品 i 的国内销售价格；τ_i^m 为商品 i 的关税税率；η_i 为由替代弹性 σ_i 计算的 ACC 方程替代参数；σ_i 为进口商品 i 和国内销售商品 i 在 ACC 生产函数中的替代弹性。

（2）最优化条件下的出口商品和国内供给商品的供给函数为

$$E_i = \left[\frac{\theta_i^{\phi_i} \xi e_i (1+\tau_i^z) PZ_i}{PE_i} \right]^{\frac{1}{1-\phi_i}} Z_i \tag{5-44}$$

$$D_i = \left[\frac{\theta_i^{\phi_i} \xi d_i (1+\tau_i^z) PZ_i}{PD_i} \right]^{\frac{1}{1-\phi_i}} Z_i \tag{5-45}$$

其中 $\qquad \phi_i = (\varphi_i + 1)/\varphi_i, \ \varphi_i \geqslant 1$

式中：E_i 为商品 i 的出口数量；D_i 为商品 i 的国内供给数量；Z_i 为复合商品 i 的消费数量；θ_i 为第 i 种商品转换函数的规模系数；ξe_i，ξd_i 分别为第 i 种商品转换函数中出口和内销的份额系数；PE_i 为商品 i 的出口价格；PD_i 为商品 i 的国内销售价格；PZ_i 为复合商品 i 的消费价格；τ_i^z 为商品 i 的生产税税率；ϕ_i 为由转换弹性 φ_i 计算的 ACC 方程转换参数；φ_i 为生产转换函数中出口商品 i 和国内销售商品 i 在 ACC 生产函数中的转换弹性。

（3）国际贸易部分需要考虑两类商品价格：一类是国内价格（人民币结算）PE_i 和 PM_i；另一类是国际价格在国际货币结算价格（美元）P_i^{we} 和 P_i^{wm}。它们之间的关系为

$$PE_i = \varepsilon \cdot P_i^{we} \tag{5-46}$$

$$PM_i = \varepsilon \cdot P_i^{wm} \tag{5-47}$$

$$\sum_i P_i^{we} \cdot E_i + S_f = \sum_i P_i^{wm} \cdot M_i \tag{5-48}$$

式中：P_i^{we}，P_i^{wm} 分别为以外币结算的第 i 种商品的进口价格和出口价格；ε 为汇率（本币对外币）；S_f 为外币结算余额的货币储蓄情况。

5.3.4 能源-政策模块

构建绿证交易政策和碳交易政策的数学模型是能源-政策模块的主要内容，其中包括绿证的交易及定价机制、可再生能源配额制的运行机制、碳配额的分配机制和碳价的定价方程。

　　由于绿证交易政策能够缓解可再生能源补贴的财政负担，减少补贴赤字，因此可再生能源补贴的方程必然包含在绿证交易政策模块内。

　　1. 可再生能源补贴模块

　　光伏发电的可再生能源补贴方程为

$$Subsn = affsn \cdot QSN \tag{5-49}$$

$$Tsubsn = optsn \cdot QSN \tag{5-50}$$

$$Defsn = Tsubsn - Subsn \tag{5-51}$$

式中：$affsn$，$optsn$ 分别为实际获得光伏发电补贴和应该获得光伏发电补贴的补贴系数（外生固定）；QSN 为生产补贴电力合成商品需要投入的获得补贴的光伏发电。

　　需要说明的是，在 CGE 模型中，假设可再生能源补贴资金与发电量存在外生固定的比例关系。$optsn$ 的推导过程为

$$Profit = \max\{p \cdot q + (p+s)q_g - c[q] - c_g[q_g]\} \tag{5-52}$$

$$p - c'[q] = 0 \tag{5-53}$$

$$p + s - c_g'[q_g] = 0 \tag{5-54}$$

式中：$Profit$ 为发电公司的利润；p 为电力的市场价格；q，q_g 分别为火力发电的上网销售电量和可再生能源发电的上网销售电量；s 为可再生能源发电的单位发电量补贴（度电补贴）；$c'[q]$，$c_g'[q_g]$ 分别为火力发电和可再生能源发电的成本，其成本与发电量成函数关系。

　　式（5-52）表示发电公司的最大化利润，式（5-53）和式（5-54）表示利润最大化的一阶条件。利润最大化条件下，市场最优电价为火电的边际成本，最优度电补贴则为火电边际成本与可再生能源发电边际成本的差额。因此，当确定补贴方式之后，当在模型中加入绿证交易制度，则式（5-3）需要变化为

$$PZ_{i-nel} = ay_{i-nel}PY_{i-nel} + \sum_i ax_{i,i-nel}PQ_i +$$
$$\sum_{i-nel} (ptsn \cdot TGCsn_{i-nel} + ptbs \cdot TGCbs_{i-nel} + ptwd \cdot TGCwd_{i-nel}) \tag{5-55}$$

$$PZ_{i-ely} = ay_{i-ely}PY_{i-ely} + \sum_i ax_{i,i-ely}PQ_i + Pfine \cdot QRPS -$$
$$\sum_{i-nel} (ptsn \cdot TGCsn_{i-nel} + ptbs \cdot TGCbs_{i-nel} + ptwd \cdot TGCwd_{i-nel}) \tag{5-56}$$

式中：$i-nel$ 为非电力行业（需要购买绿证的行业）；$i-ely$ 为电力行业；PZ_{i-nel}，PZ_{i-ely} 分别为商品的非电力行业和电力行业的总产出价格；Z_{i-nel}，Z_{i-ely} 分别为非电力行业和电力行业的商品的总产出；PQ_i 为商品 i 的国内消费价格；PY_{i-nel}，PY_{i-ely} 分别为非电力行业和电力行业的要素—能源合成束价格；$ax_{i,i-nel}$，$ax_{i,i-ely}$ 分别为非电力行业和电力行业的商品 i 的价格修正系数；ay_{i-nel}，ay_{i-ely} 分别为非电力行业和电力行业生产一个单位商品需要的复合商品所相应的投入数量；$Pfine$，$QRPS$ 分别为发电企业完成不了可再生能源配额时的罚金价格和违约发电量；$ptsn$，$ptbs$，$ptwd$ 分别为光伏发电、生物质能发电和风力发电绿证交易的价格；$TGCsn_{i-nel}$，$TGCbs_{i-nel}$，$TGCwd_{i-nel}$ 分别为非电力行业所购买的光伏发电、生物质能发电和风力发电的绿证数量。

　　在这里需要说明的是，由于模型本身的限制，不考虑电力企业之间的绿证交易，只考虑非电力行业与电力行业之间的绿证交易。因此，根据绿证交易制度，可再生能源补贴式

（5-49）也应该变为

$$Subsn = affsn \cdot QSN + Ptsn \cdot \sum_{i-nel} TGCsn_{i-nel} \qquad (5-57)$$

绿证交易制度的决定机制为

$$\frac{QSN^{t-1}}{1000} = \sum_{i-nel} TGCsn_{i-nel}^{t} \qquad (5-58)$$

$$Quota = \frac{QSN + QWD + QBS}{QTP} \qquad (5-59)$$

$$rps = \frac{QSN + QWD + QBS + QRPS}{QTP} \qquad (5-60)$$

$$PLC_{i-nel} = \sum_{i-nel} (ptsn \cdot TGCsn_{i-nel} + ptbs \cdot TGCbs_{i-nel} + ptwd \cdot TGCwd_{i-nel})$$

$$(5-61)$$

$$PLC_{i-ely} = Pfine \cdot QRPS \qquad (5-62)$$

式中：$Quota$ 为可再生能源发电量占火力发电量的比例；rps 为外生给定的可再生能源配额比例。

式（5-58）以光伏发电为例，说明绿证的数量取决于上网交易的光伏发电量，且绿证的单位为 $1000\text{kW} \cdot \text{h}$；式（5-61）表示非电力行业绿证交易制度的交易成本，作为制度成本；式（5-62）表示给定绿证交易制度条件下的成本，作为给定条件下的交易费用。

2. 碳交易模块

将合理的碳排放交易机制嵌入到 CGE 模型中，会使模拟结果更加真实可信。碳交易可以表示为

$$EM_i = COAL_i \cdot \gamma^{coal} + OIL_i \cdot \gamma^{oil} + GAS_i \cdot \gamma^{gas} \qquad (5-63)$$

$$PLC_i = p^t (CR_i - FP_i) + p^f (EM_i - CR_i) \qquad (5-64)$$

$$CI = \frac{\sum_i EM_i}{\sum_i (XV_i + XG_i + XP_i + E_i - M_i)} \qquad (5-65)$$

$$fpr = \frac{FP_i}{CR_i} \qquad (5-66)$$

式中：EM_i 为碳排放量；$COAL_i$，OIL_i，GAS_i 分别为煤、石油、天然气的能耗量；γ^{coal}，γ^{oil}，γ^{gas} 分别为煤、石油、天然气的碳排放系数；PLC_i 为企业因为碳排放交易而付出额外的成本，既包括交易成本，也包括过量排放的罚金；FP_i 为第 i 个部门的免费配额量；CR_i 为第 i 个部门的碳排放权总量；p^t 为碳排放权交易价格；p^f 为超额排放惩罚价格；CI 为碳排放强度；XP_i 为第 i 个部门的居民消费；XG_i 为第 i 个部门的政府消费；XV_i 为第 i 个部门的投资；fpr 为碳排放权的免费配额比例。

按照上一期的碳权额度，考虑一定比例的下降系数和当期行业附加值得出该期分配的碳排放权。而本年度第一期碳排放权等于上一年度所有企业的排放量乘以一个下降系数，即

$$CR_{i,t} = \frac{CR_{i,t-1}}{VA_{i,t-1}} \cdot VA_{i,t} \cdot (1-\omega) \qquad (5-67)$$

式中：$VA_{i,t}$ 为第 i 种的要素商品在 t 时期的投入数量。

式（5-67）不参与模型本身的均衡计算，仅用作确定当期一个外生变量 $CR_{i,t}$。

5.3.5 宏观闭合与动态模块

CGE 模型主要包括以下三个市场均衡：①ACC 市场均衡；②商品市场均衡；③储蓄与投资均衡。ACC 市场均衡是意味着所有的复合商品全部用于居民与政府的消费、投资消费和生产中的中间投入。商品市场均衡意味着进口商品与内销商品的替代均衡和出口商品与国内供给商品之间的转换均衡。储蓄与投资均衡意味着该模型遵循新古典封闭原理，假定储蓄全部转化为投资，总投资等于内生储蓄。

动态模块用递归跨期的方式将静态 CGE 模型变为开放的动态 CGE。资本存量的增长作为内生变量，由上期的投资与储蓄决定，然后以固定比例算出每期的折旧量。劳动的增长率作为外生变量，并且根据《国家人口发展战略研究报告》，设定人口增长情况，CGE 模型 2017—2030 年人口增长情况见表 5-4。

表 5-4 CGE 模型 2017—2030 年人口增长情况

年 份	人口增长率/%
2017—2020	0.61
2021—2025	0.14
2026—2030	0.12

5.4 中国能源电力交易动态 CGE 模型的模拟结果分析

5.4.1 政策依据

根据我国近期的政策趋势和能源行业相关因素，总结梳理了绿证交易和碳排放权交易相关政策。2017 年 2 月 3 日，国家发展改革委、财政部和国家能源局颁布了《试行通知》，提出自 2018 年起适时启动可再生能源电力配额考核和绿证强制约束交易；国家排放权交易机制于 2017 年从《中国应对气候变化的强化行动：国家自主贡献预期》中进入市场。值得注意的是，绿证强制约束交易的政策规定，由于"绿色电力证书是国家对发电企业每兆瓦时非水可再生能源上网电量颁发的具有独特标识代码的电子证书，是非水可再生能源发电量的确认和属性证明以及消费绿色电力的唯一凭证"，因此初期没有将水电纳入范围内。

在国家"3060 碳达峰碳中和"重要战略目标下，加快发展清洁能源，增加非化石能源在经济生活中的占比是大势所趋。公开数据显示，2020 年，非化石能源在我国一次能源消费中的占比约为 15.4%。2021 年 10 月，在第二届"一带一路"能源部长会议上，中国国家能源局局长章建华正式公开了一个新的中国能源结构调整目标：中国继续推进能源绿色低碳转型，到 2025 年，努力将中国的非化石能源消费占比提高到 20% 左右，单位 GDP 能源消耗和二氧化碳排放分别比 2020 年降低 13.5% 和 18%，意味着在最近五年内，平均每年非化石能源的占比平均每年将提升约 1%。

2021 年 10 月，国务院印发《2030 年前碳达峰行动方案》，提出了提高非化石能源消费比重、提升能源利用效率、降低二氧化碳排放水平等方面主要目标，明确提出到 2030 年，我国单位国内生产总值二氧化碳排放将比 2005 年下降 65% 以上，非化石能源占一次能源消费比重将达到 25% 左右，森林蓄积量将比 2005 年增加 60 亿 m^3，风电、太阳能发电总装机容量将达到 12 亿 kW 以上。

因此，在进行考虑可再生能源配额的情景设定时，将 2030 年的碳排放量基于政策的标准（对比）情景划分为基准碳减排、强碳减排、强强碳减排三种情景。

5.4.2　情景设定

情景 1：基准碳减排情景。在情景 1 下，把经济发展作为首要目标，能源节约和降低二氧化碳排放作为附属目标，设定此情景下，绿证价格为 500 元/(MW·h)，我国碳排放在 2030 年达到峰值为 120 亿 t。

情景 2：强碳减排情景。在强碳减排情景下，根据我国经济发展、环境状况和社会收成能力选择适当的碳减排战略，满足减排和经济发展双目标，绿证价格为 500 元/(MW·h)，此情景与我国制定的碳减排目标相同，碳排放将在 2030 年达到峰值为 110 亿 t。

情景 3：强强碳减排情景。在强强碳减排情景下，把碳减排作为经济社会发展的主要目标，综合运用税收、价格等市场化手段，促进节能和碳减排目标提前实现，在强强碳减排情景下，绿证价格为 500 元/(MW·h)，我国碳排放将在 2030 年达到峰值为 100 亿 t。

5.4.3　模拟结果及其分析

5.4.3.1　宏观经济与价格影响预测

1. GDP 预测

根据 CGE 模型的模拟结果，在基准碳减排情景，即情景 1 下 2022—2030 年 GDP 稳步上升，由 2022 年的 115.94 万亿元逐步增加至 2030 年的 170.55 万亿元，尽管该指标在 2026—2030 年间逐步放缓，但总体增速均在 5% 以上，年均增长率为 5.04%。

强碳减排情景，即情景 2 下，相较于情景 1，2030 年 GDP 会有 0.4% 左右的下滑；强强碳排放情景，即情景 3 下，相较于情景 1，2030 年 GDP 会有 0.7% 左右的下滑。因此，总体来看，碳减排政策通过对不同产业部门进行能源约束，进而对整个社会要素供给产生影响，造成产出、投资和消费等领域出现不同程度的下滑，从而对宏观经济产生影响。不同碳减排目标对宏观经济的影响效果不同，碳减排目标越强对宏观经济的影响越大。主要原因是实施强碳减排目标会造成企业碳配额减少，企业购买碳配额成本增加，进而导致投资下降。全社会投资和消费下降，经济增长会受到一定的抑制。2022—2030 年不同情景下 GDP 模拟值见表 5-5。

表 5-5　　　　　　　　　2022—2030 年不同情景下 GDP 模拟值

年　份	GDP 模拟值/万亿元		
	情景 1	情景 2	情景 3
2022	115.94	115.47	115.01
2023	122.35	121.86	121.37
2024	129.08	128.56	128.04
2025	136.13	135.58	135.04
2026	142.5	141.93	141.36
2027	149.12	148.52	147.92
2028	156.02	155.37	154.75
2029	163.14	162.48	161.83
2030	170.55	169.86	169.35

2. 碳价预测

2022—2030 年碳价预测模拟值见表 5-6。

表 5-6　　　　　　　　　　　　　2022—2030 年碳价预测模拟值

年份	预测指标	情景 1	情景 2	情景 3
2022	碳价	40.31	40.35	40.42
	增长率	—	—	—
2023	碳价	42.09	42.14	42.25
	增长率	4.42	4.44	4.53
2024	碳价	46.22	46.29	46.44
	增长率	9.81	9.85	9.92
2025	碳价	50.73	50.82	51.00
	增长率	9.76	9.79	9.82
2026	碳价	55.65	55.76	55.98
	增长率	9.70	9.72	9.76
2027	碳价	61.02	61.15	61.40
	增长率	9.65	9.67	9.68
2028	碳价	66.88	67.03	67.31
	增长率	9.60	9.62	9.63
2029	碳价	73.26	73.43	73.76
	增长率	9.54	9.55	9.58
2030	碳价	80.22	80.41	80.78
	增长率	9.50	9.51	9.52

通过表 5-6 可以看出，在碳达峰的背景下，2030 年碳价总体会逐步提升，这是由于随着碳达峰的政策的推进，国家碳排放配额会逐渐减少，碳市场的碳需求逐渐增加，进而碳价会逐渐提升，预测到 2030 年碳价将会达到 80 元/t 左右的标准。

对比三个情景可以看出，设定的碳减排目标越高，碳价越高，因为碳价的提升将会对石油、化工、钢铁等碳排放量较高的产业发展起到抑制作用，进而能够降低碳排放量。

5.4.3.2　国内产业结构影响预测

根据国家下发的《国民经济行业分类与代码》（GB/T 4754—2017）对原始投入产出部门进行合并与拆分，整理为 35 个部门。其中主要包含农业、工业（包含 15 个子部门分类）、电力行业（6 个发电部门及 1 个输配电部门）、燃气生产与供应业、交通运输业（5 个子交通运输部门）以及 6 个服务业部门。

碳减排政策能够对企业活动中的能源投资进行限制，从而对不同企业产生阻尼效应，同时对企业投资和产出产生影响，并且不同政策情景下减排力度不同，减排力度越大，企业对投资和能源需求越小。企业经营成本的加大，造成中间投入产品价格上升，从而对各个中间投入产业的产出造成影响。而由于各个中间产业部门在产业链中的位置不同，越靠近能源部门的中间产业部门对能源的依赖越大，其受减排政策的影响也就越大。2030 年我国各行业产出情况变化见表 5-7。

表 5-7　　　　　　　　2030 年我国各行业产出情况变化

行　　业		农林牧副渔业	煤炭采选业	石油开采业	天然气开采业	金属与非金属开采业	轻工业	造纸业
产出价格/亿元	情景 1	81045.95	6728.69	7601.83	2054.78	12255.33	134523.55	23239.46
	情景 2	85438.24	6363.83	7292.19	1988.88	11738.52	145423.05	23607.34
	情景 3	86404.30	6281.41	7227.88	1967.59	11625.17	147961.91	23674.25

行　　业		石化业和核燃料加工品业	煤炭加工业	化工业	建材业	其他化工与金属非金属制品业	有色金属业	钢铁业
产出价格/亿元	情景 1	21471.83	1421.22	81650.76	24686.00	34091.25	28299.26	28897.75
	情基 2	21182.09	1397.62	79435.74	24310.06	33525.34	27743.21	28194.75
	情景 3	21026.14	1391.56	78878.88	24171.79	33379.60	27532.60	27921.58

行　　业		船舶及相关装置	其他装备制造业	水电	核电	风电	太阳能发电	生物质能发电
产出价格/亿元	情景 1	2421.45	215139.62	2064.53	493.34	613.36	238.26	59.56
	情基 2	2385.99	211312.78	2129.06	497.73	630.50	245.49	60.60
	情景 3	2397.91	212597.22	2152.54	499.67	636.37	249.03	60.22

行　　业		火电	电力供应	燃气生产和供应业	建筑业	航空业	铁路及城市轨道交通	公路
产出价格/亿元	情景 1	14685.25	25064.99	12468.39	153181.71	5348.74	11848.71	17137.98
	情基 2	9145.97	24764.29	12311.51	153140.21	5306.48	11640.72	16803.85
	情景 3	8004.93	24865.35	12364.19	148006.93	5320.69	11710.52	16915.92

行　　业		其他交通运输、仓储和邮政业	批发零售、住宿和餐饮业	信息服务与金融服务业	金融业	房地产与租赁业	生态保护和环境治理业	其他公共服务业
产出价格/亿元	情景 1	25865.04	104747.83	36374.13	62407.00	43568.72	665.35	229734.06
	情基 2	25627.62	102844.28	35715.46	61130.75	42814.84	661.66	240056.93
	情景 3	25547.93	103483.03	35936.51	61558.47	43067.97	672.66	245680.13

典型行业 2022—2030 年产出情况变化如图 5-5 所示。

从表 5-7 和图 5-5 可以看出，在减排政策推动下，抬高了各类产业部门特别是高耗能产业部门的能源使用成本，使各个产业的产出比例发生了变化。对于农林牧副渔业部门来说，由于其能源消费相对于其他部门来说较少，因此，在同等减排力度的情况下，其产出下降量较少，在整个产品市场上其产业比例增加，在 2030 年，情景 2、情景 3 下产业比例相对于情景 1 分别增加了 5.4195% 和 6.6115%。对于轻工业部门，其能源消费量也较少，因此，碳减排政策对其影响也不大，在整个碳减排过程中，在总产出的比例也是不断增加。而对于重工业部门来说，例如其他化工与金属非金属制品业、钢铁业等，由于其能源消费量较大，在碳减排政策下，导致这些部门生产成本增加，投资下滑，从而造成产

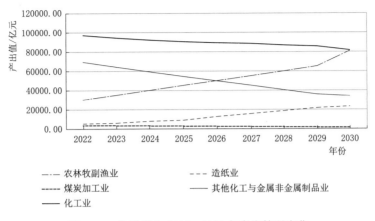

图 5-5 典型行业 2022—2030 年产出情况变化

出下降，在总产出的比例下降。对于高耗能产业部门，如开采业、化工业、煤炭加工业、石化业和核燃料加工品业等部门，由于这些部门是所有产业部门中能源消费最大的，因此，在碳减排政策下，这些部门受冲击最大，产出下降最多，导致这些部门在总产出中的比例下降最多，在 2030 年，情景 2、情景 3 下石油开采业比例相对于情景 1 分别降低了 4.0732% 和 4.9192%。值得注意的是，包括水电、风电、太阳能发电、生物质能发电等在内的新能源产业的总产出比例持续提高，2030 年，情景 3 下水电产出比例相对于情景 1 提高了 4.2631%，达到 2152.54 亿元，不同于新能源产业产出比例的上升，在减排政策推动下，火电产业产出比例呈现下降趋势，与水电相比同期降低 0.4549%，碳减排政策达到预期效果。

情景 1 下电力行业 2021—2030 年产出价格变化（以 2018 年行业产出价格为基准）如图 5-6 所示，可以看出包括水电、风电、太阳能发电等多种新能源行业的产出价格呈现降低趋势。新能源价格下降较为明显，是由于风、光等新能源发电产业的价格随着产业的发展逐渐降低，实现平价上网造成的，在 2030 年实现碳达峰前存在较大的价格降低空间，相对而言，火电的价格降低空间较小。

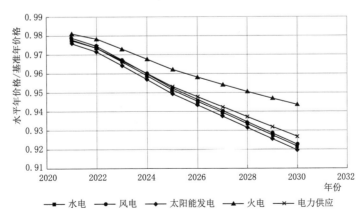

图 5-6 情景 1 下电力行业 2021—2030 年产出价格变化（以 2018 年行业产出价格为基准）

5.4.3.3 国内各类能源产出的影响预测

1. 能源产出情况影响

三种情景下 2030 年我国能源产出情况见表 5-8。

表 5-8　　　　　　　三种情景下 2030 年我国能源产出情况

行　业	产出价格/亿元		
	情景 1	情景 2	情景 3
煤炭	35104.13	35060.30	34974.37
石油	22971.25	22972.36	22973.06
天然气	6605.926	6606.46	6606.77
新能源	10827.84	10863.43	10893.34
火电	48127.59	48109.27	48100.32

通过对比三种情景可以看出，随着碳减排要求的不断提升，新能源产业的产出得到提升，火电产业的产出出现明显的下降。这表明碳排放较高的火电产业将会被限制发展，较强的碳减排政策要求将会进一步限制火电发展，促进新能源的产出。

2. 能源消费结构的影响

三种情景下 2030 年我国能源消耗量及结构占比见表 5-9。

表 5-9　　　　　　　三种情景下 2030 年我国能源消耗量及结构占比

行　业		煤炭	石油	天然气	新能源	总计
情景 1	消费量/万 t 标准煤	291819.04	46132.42	39023.49	127204.46	504179.41
	占比/%	57.88	9.15	7.74	25.23	
情景 2	消费量/万 t 标准煤	277956.49	42670.08	32904.04	147291.90	500822.51
	占比/%	55.50	8.52	6.57	29.41	
情景 3	消费量/万 t 标准煤	261219.54	34858.28	30555.39	156838.09	483471.30
	占比/%	54.03	7.21	6.32	32.44	

基准情景，即情景 1 下，2030 年我国能源消费总量为 504179.41 万 t 标准煤，其中煤炭、石油、天然气、新能源消费结构占比分别为 57.88%、9.15%、7.74%、25.23%，相较于 2022 年，煤炭、石油、天然气、新能源消费结构占比分别为 61.93%、7.76%、6.06%、24.23%，在煤炭消费方面有显著降低，新能源占比显著提升，提升了接近 10%。情景 2 和情景 3 对比情景 1 来说，在碳减排要求高时，由于火电等碳排放较多的产业的抑制，进而导致了煤炭消费量的减少，新能源的消费量将会提升。

3. 清洁能源产业产出变化

情景 1 下我国清洁能源产业 2022—2030 年产出价格如图 5-7 所示。

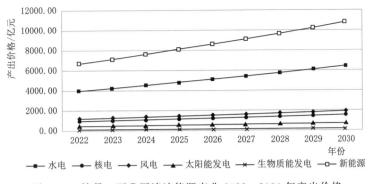

图 5-7　情景 1 下我国清洁能源产业 2022—2030 年产出价格

　　情景 1 下，我国新能源产业得到快速发展，产出效益有显著提升，清洁能源产业的总体产出情况提升超过 60％，预测由 2022 年的 6677.71 亿元提升到 2030 年的 10827.84 亿元。同样测算情景 2 和情景 3，可以得到 2030 年清洁能源产业的产出分别为 10863.43 亿元、10893.34 亿元，可以看出随着碳减排目标的提高，新能源产业的产出得到提升。

5.5　本　章　小　结

　　本章通过构建考虑绿证交易、碳交易的一般均衡模型，对我国未来十年不同情景下的产业结构进行预测与影响分析。首先，从《2017 年中国投入产出表》《中国统计年鉴（2017）》等统计文件获得数据构建我国宏观社会核算矩阵，采用 RAS 法调平后的 SAM 作为模型基础数据；其次，构建包含生产模块、收入与支出模块、市场模块、能源-政策模块以及宏观闭合及动态模块五个模块在内的中国能源电力交易动态 CGE 模型，并应用 CES 函数、Leontief 函数、柯布-道格拉斯函数等表示经济主体的一般均衡关系；最后，根据 CGE 模型的政策模拟结果进行分析，结果表明，不同碳减排目标对宏观经济的影响效果不同，碳减排目标越强对宏观经济的影响越大，高耗能部门在总产出的比例下降，新能源产业的产出增加。在减排政策推动下，抬高了各类产业部门特别是高耗能产业部门的能源使用成本，使各个产业的产出比例发生了变化。对于农林牧副渔业部门来说，其产出下降量较少，在整个产品市场上其产业比例增加；对于重工业部门来说，其生产成本增加，投资下滑，从而造成产出下降，在总产出的比例下降；对于高耗能产业部门，其受冲击最大，产出下降最多，导致这些部门在总产出中的比例下降最多。

第6章

绿证市场、碳市场与电力市场交互作用及机理研究

6.1 绿证市场、碳市场与电力市场交互机理

随着可再生能源电力消纳保障机制和碳配额制的推进，电力市场、碳市场、绿证市场间的联动更加紧密。市场供电主体可分为可再生能源发电商和传统能源发电商两类，在电力市场中，市场供电主体与可再生能源消纳责任主体共同参与电力市场，中长期电力市场标的物包括具有绿色价值的新能源发电与传统能源发电，现货电力市场标的物为不捆绑绿证的电量；在碳市场中，可再生能源发电商和传统能源发电商参与碳市场交易，交易标的物为碳排放权和CCER，假设企业为实现利益最大化，会首先采用CCER机制抵消一部分配额；在绿证市场中，可再生能源发电商作为生产绿证的主体，发电企业与电网企业、电力用户等一同承担可再生能源消纳责任，共同参与绿证市场交易，交易标的物为绿证。电力市场、碳市场与绿证市场耦合交易体系如图6-1所示，三个市场在政策、主体和价格方面均存在联动机制。

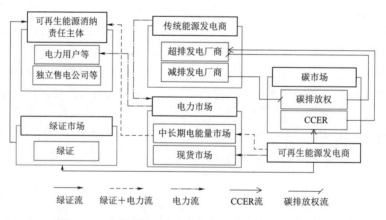

图6-1 电力市场、碳市场与绿证市场耦合交易体系

在政策联动方面，电力行业是我国碳排放来源重点行业，进而成为碳市场中的重点行业，可再生能源电力消纳保障机制和碳配额制的政策要求以电力市场为载体，分别作用于电力系统的供需双侧。两种政策机制都是外部化环境价值的经济政策手段，绿证作为绿色电力消费的凭证，每个绿证代表1MW·h可再生能源电量，是精确的二氧化碳减排量计

量方式，进而提升市场主体对于绿色电力消费的认知水平，两者机制联动可以有效降低全社会碳减排履约成本。

在主体联动方面，电力市场、碳市场与绿证市场三市场主体交叉，形成各市场主体共存并在三市场交互影响局面。对于可再生能源发电商而言，风能、光伏和生物质发电属于零碳排放产业，在获得可再生能源绿证的同时能够申请 CCER 项目备案，进而参与到碳市场；对于传统能源发电商而言，化石能源发电必然伴随着二氧化碳排放，需根据自身需求积极参与绿证交易，并通过碳排放权交易完成碳市场履约；对于可再生能源消纳主体而言，与供电主体进行电能交易的同时，需要通过参与绿证交易等方式完成一定比例的可再生能源消纳义务。

在价格联动方面，碳市场核心功能是通过"总量＋交易"的方式促进碳排放成本内部化，实现碳价向电力市场、绿证市场的传导，将波动传导至电力价格和绿证价格，而电价是受全社会用电供需关系影响的，绿证价格可通过电价间接影响到电碳市场。在补贴退坡之后，可再生能源发电商通过出售绿证或申请碳排放权交易市场中的 CCER 项目获得一定的成本补偿，传统能源发电厂商对于国家分配的免费排放配额之外的碳排放，需要在CCER 抵消机制的基础上，在二级碳排放权市场进行购买才能进行二氧化碳排放，从而可再生能源发电厂商可获得的利润增加，传统能源发电厂商可获得的利润降低。

6.2　系统动力学概述

6.2.1　系统动力学基本原理

为进一步研究绿证市场、碳市场与电力市场交互机理，采用系统动力学进行建模分析。系统动力学（System Dynamics，SD）是一种分析和研究信息反馈系统的学科，是根据实际观测到的信息系统，寻求机会和途径来改善系统的性能，并通过计算机实验对系统的未来行为进行预测，主要用于分析系统中存在的大型复杂问题。系统动力学模型的最大优点是能够处理高阶、非线性和多反馈的复杂时变系统问题，定量分析各种复杂系统的结构和功能，并对系统的各个功能进行定量分析。系统动力学模型一般包含状态方程、速率方程和辅助方程三个方程。与这些变量相对应，系统动力学模型包含状态变量、速率变量和辅助变量三类变量。随着理论的发展，可借助软件平台构建模型并进行计算，如 Vensim。

构建系统动力学模型需要首先设定系统界限，明确系统因素之间的相互关系，形成系统内各因子的因果环路图。在因果环路图中，因子之间存在两种关系，一种是正因果关系，另一种是负因果关系，如图 6-2 所示。由图 6-2 可知，假设系统中的两个因子分别用 A 和 B 来表示，若 A 增加后，也会导致 B 增加，我们称因子 A 和因子 B 之间存在正因果关系，则两者之间的线条用"＋"号标注，简称为正键。若 A 增加后，导致 B 减少，我们则称因子 A 和因子 B 之间存在负因果关系，两者之间的线

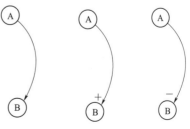

图 6-2　因果环路图

条用"一"号标注，简称为负健。不管是正因果还是负因果，仅仅只有逻辑关系的含义，对于两者的函数关系和计算没有特别的意义。而在系统动力学的模型构建中，变量之间只存在这两种关系，没有除此之外的第三种关系。

基于变量间的因果关系，可以构建闭合的回路，模型中称之为反馈环，又叫反馈回路。因果反馈环如图6-3所示。由图6-3（a）可知，由于A的增加，导致B也增加，进而导致C减少，最终返回到A的增量更多，这是一个不断加强的系统，系统中任何一变量往一个趋势变动都会导致此趋势加强，具有自我强化的效果，这种叫作正反馈环。而由图6-3（b）可知，由于A的增加，导致B也增加，进而导致C的减少，从而使A也减少，最终反馈到A的结果是减轻A的原始趋势，具有自我调节的效果，最终将会通过系统自身的作用达到稳态，这种叫作负反馈环，也是复杂系统的运作方式。

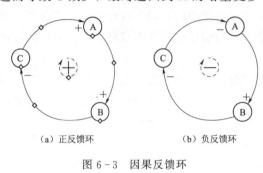

(a) 正反馈环　　(b) 负反馈环

图6-3　因果反馈环

6.2.2　系统动力学建模

1. 模型的构成

系统动力学模型中含有五大类变量，包括状态变量、速率变量、辅助变量、外生变量和常量。状态变量是系统中不断被积累的存量，等于这个时间间隔与输入流速和输出流速差的积分。速率变量是单位时间的流量，用于描述系统活动，它又称为决策函数。辅助变量是帮助连接速率变量和状态变量的信息。外生变量不由系统内生成，而是由外界因素决定，也有可能由常数决定。常量是指始终不变的常数，一般可以代表一些政策参数或者环境参数，可根据研究对象的不同进行设定。除了变量的类型，在系统动力学模型中还要利用各种函数对变量进行编程，比如积分函数、表函数、延迟函数、平滑函数、条件函数等。

2. 建模的一般过程

一般情况下，系统动力学的研究步骤可分为五步，Vensim软件工作程序示意如图6-4所示。第一步，确定系统的边界，设定系统中的状态变量、速率变量、辅助变量、外生变量和常量，构建出基本的结构模型；第二步，在第一步基础上进行变量间的相互关系分析，绘制出对应的因果环路图；第三步，剖析不同变量之间的具体函数关系，构建对应的存量流量图；第四步，对系统中的变量进行赋值和编程，运行程序，对模型的结果进行检验，如果运行

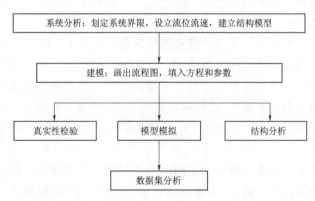

图6-4　Vensim软件工作程序示意图

有误，需要检查模型更正程序，包括对模型的结构或参数的修改；第五步，调整数据，反复模拟仿真，最终得出结果。

该部分主要研究可再生能源配额制和碳排放权交易制度实施后，绿证交易市场和碳交易市场对整个电力市场的影响。而这种影响使用传统的静态研究方法难以分析参数变动造成的市场连锁反应，也难以定量对比分析，导致不能全面地描述各影响因子之间的相互关系和影响机理。而绿证交易市场、碳交易市场和电力市场存在相互关联，能够形成较为复杂的多系统，三个系统由可再生能源发电厂商和传统能源发电厂商作为传导媒介，通过绿证的价格、碳交易价格和电力价格进行相互作用，包括众多的内生和外生变量。

系统动力学方法拥有一套工具和技术来帮助分析问题，主要包括因果环路图和系统动力学建模两大类，能够全面系统地演示绿证市场、碳市场和电力市场的运行交互机制，还能动态地验证不同的可再生能源配额和碳配额政策方案的结果。

6.3 绿证市场、碳市场与电力市场系统动力学模型

6.3.1 因果环路分析

绿证市场、碳排放权交易市场与电力市场交互作用的因果环路如图 6-5 所示，由 3 个单市场子系统的因果环路图耦合而成，共有 7 个负反馈环，其中包括绿证市场绿证卖方小负反馈环、绿证交易市场绿证买方大负反馈环、碳排放权交易市场绿证卖方小负反馈环、碳排放权交易市场绿证买方大负反馈环、电力市场供需平衡小负反馈环、绿色电力生产负反馈环、传统电力生产负反馈环。

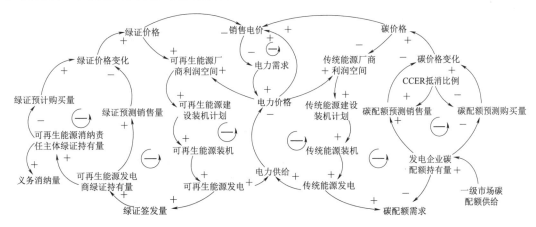

图 6-5　绿证市场、碳市场与电力市场交互
作用的因果环路图

绿证市场、碳排放权交易市场与电力市场交互的因果环路图包括以下三个市场子系统：

（1）绿证市场子系统。绿证市场子系统由两个反馈环构成。在小反馈环中，当绿电厂商进行可再生能源发电时，有关部门将会颁发给绿电厂商相应数量的绿证，绿电厂商持有的绿证数量增多，则想要卖出的证书数量就会增多，即预计销售量会增加；超额需求即预

计购买量与预计销售量的差，因此超额需求会降低；超额需求直接决定供给关系，则绿证价格下降；由于利润空间下降，进而造成绿电厂商的可再生能源装机建设减少、装机容量减少、可再生能源发电量减少，从而达到一种稳态。在大反馈环中，当绿电厂商进行可再生能源发电时，有关部门将会颁发给绿电厂商相应数量的绿证，电网持有的绿证也增加，预计购买量下降，超额需求下降，绿证价格下降，同上道理，将最终导致可再生能源发电量的减少，同样达到一种稳态。由此看来，两个反馈环均为负反馈环，并最终保证系统的稳定运行。

（2）碳排放权交易市场子系统。碳排放权交易市场子系统由两个反馈环构成。在小反馈环中，当传统能源发电厂商进行传统能源发电时，就会对碳配额产生需求，发出的电量越多，排放的二氧化碳越多，对碳配额的需求就越大。由于国家按照规定给每个企业分配了一定量的允许排放的碳配额，因此，当碳配额需求增加的时候，传统能源发电厂商手中持有的碳配额就减少，除去自己企业需要的碳配额，预计能够销售出去的碳配额就会减少；又因为超额需求即预计购买量与预计销售量的差，因此超额需求会增加，碳价由供求决定，也会随之升高；当碳价升高时，传统能源发电厂商的碳排放治理成本会增加，进而降低了发电厂商的利润水平，导致发电厂商对传统能源装机投资减少、传统能源装机容量增速变缓、发电量减少，对碳配额的需求也会随之降低，最终达到一种稳态。在大反馈环中，当传统能源发电厂商进行传统能源发电时，就会对碳配额产生需求，在供给一定的条件下，发电厂商持有的碳配额更加不够用，因此，预计购买量增加，超额需求增加，同上道理，将最终导致传统能源发电量的减少，同样达到一种稳态。碳排放权交易市场中的这两个反馈环也为负反馈环，最终能够保证系统的稳定运行。

（3）电力市场子系统。电力市场子系统由三个反馈环构成。在左边的反馈环中，随着电力价格和绿证价格的升高，可再生能源发电厂商可获得的收益增加，利润升高；因此可再生能源发电厂商会加大对可再生能源装机的投资，导致可再生能源装机容量增加、绿色电力增加；绿色电力再通过绿证市场机制影响绿证价格，使绿证价格降低，达到稳态。同时，绿色电力增加也使电力供给增加，进入中间的小反馈环中，电力价格增加也使电力需求变小（需求函数），因此，供给大于需求，超额需求降低，使电力价格降低，达到稳态。在右边的反馈环中随着电力价格的升高，传统能源发电厂商可获得的收益也会增加，利润升高，导致对传统能源装机投资增加、装机容量增加、传统电力增加，电力供给增加，进入中间小反馈环，供大于求，使电力价格降回，达到稳态；随着碳价的升高，传统能源发电厂商可获得的利润降低，因此传统能源装机投资、装机容量、传统电力都会减少，再通过碳排放权交易市场机制影响碳排放权交易价格，使其价格降低，达到稳态。由此看来，电力市场中的这三个反馈环均为负反馈环，最终也能够保证整个系统的稳定运行。

6.3.2　存量流量图与变量仿真方程

系统动力学建模需要在因果环路图的基础上绘制相应的存量流量图；建立数学方程，描述定性与半定性的变量关系；构造方程与程序，并对模型进行初步的检验与评估；评估合格后，对程序赋予原始数据及政策变量，在计算机上模拟实验。系统动力学建模通过软件 Vensim 进行实现，包括一整套耦合的非线性微分方程以及每个存量的单独微分方程。

绿证市场、碳排放权市场和电力市场交互作用的存量流量如图 6-6 所示，图 6-6 是在图 6-5 的基础上绘制而来。

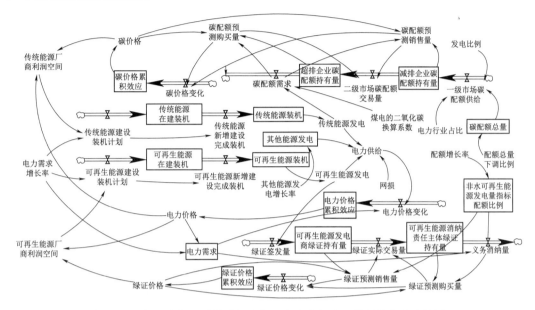

图 6-6　绿证市场、碳排放权市场和电力市场交互作用的存量流量图

由图 6-6 可知，该模型中存在绿证价格变化、发电厂商持有的绿证、电网持有的绿证、可再生能源在建装机、可再生能源装机、碳价格变化、传统能源在建装机、传统能源装机、买方发电厂商持有的碳、卖方发电厂商持有的碳、电力价格变化、可再生能源在建装机（同绿证市场）、可再生能源装机（同绿证市场）、传统能源在建装机（同碳排放权市场）、传统能源装机（同碳排放权市场）等几个比较重要的存量（即状态变量）。模型中的流量（即速率变量）包括绿证的超额需求、颁发给发电厂商的绿证、被卖给电网的绿证、上交的绿证、可再生能源开始建设装机、可再生能源建设装机完成、超额需求、传统能源开始建设装机、传统能源建设完成装机、碳供给、被卖出的碳、碳需求、电力超额需求、可再生能源开始建设装机（同绿证市场）、可再生能源建设完成装机（同绿证市场）、传统能源开始建设装机（同碳排放权市场）、传统能源建设完成装机（同碳排放权市场）。这些流量与存量有直接的数量关系。模型中的辅助变量包括预计购买量、预计销售量、绿证价格、投资商认为的可再生能源利润空间、可再生能源电量、碳价格、火电厂商的利润空间、传统能源电量、预计购买量、预计销售量、电力价格、投资商认为的可再生能源利润空间（同绿证市场）、可再生能源发电量、传统能源电量、电力供给、实时需求、销售电价。辅助变量联系了各个状态变量。模型中的外生变量包括电力需求、配额比例、单位 GDP 二氧化碳排放、GDP、电力需求。外生变量随时间的变化而变化，但这种变化是由系统外因素决定而非系统内因素引起的。模型中的常量包括电力需求增长率（同碳排放权交易市场）、配额增长率、单位 GDP 二氧化碳排放降低率、GDP 增长率、网损。

　　各类型参数变量的仿真方程见表 6-1。

表 6-1 各类型参数变量的仿真方程

类 型	变 量	仿 真 方 程
状态变量	碳价格累积效应	碳价格初始值＋INTEG〔碳价格变化〕
	减排企业配额持有量	减排企业配额初始持有量＋INTEG〔一级市场碳配额供给量－二级市场碳配额交易量〕
	超排企业配额持有量	超排企业配额初始持有量＋INTEG〔二级市场碳配额交易量－碳配额需求量〕
	传统能源在建装机	传统能源在建初始装机＋INTEG〔传统能源建设装机计划－传统能源新增建设完成装机〕
	传统能源装机	传统能源初始装机＋INTEG〔传统能源新增建设完成装机〕
	绿证价格累积效应	绿证价格初始值＋INTEG〔绿证价格变化〕
	可再生能源发电商绿证持有量	可再生能源发电商绿证持有量初始值＋INTEG〔绿证签发量－绿证实际交易量〕
	可再生能源消纳责任主体绿证持有量	责任主体绿证持有量初始值＋INTEG〔绿证实际交易量－义务消纳量〕
	可再生能源在建装机	可再生能源在建初始装机＋INTEG〔可再生能源建设装机计划－可再生能源新增建设完成装机〕
	可再生能源装机	可再生能源初始装机＋INTEG〔可再生能源新增建设完成装机〕
	电力价格累积效应	电力价格初始值＋INTEG〔电力价格变化〕
速率变量	碳价格变化	(碳配额预测购买量－碳配额预测销售量)/碳配额预测销售量
	碳配额需求	(传统能源发电×煤电的二氧化碳换算系数)×10000
	二级市场碳配额交易量	IFTHENELSE（MIN（碳配额预测购买量，碳配额预测销售量)＜0，0，MIN（碳配额预测购买量，碳配额预测销售量))
	一级市场碳配额供给	碳配额总量×电力行业占比×发电比例
	传统能源建设装机计划	(传统能源装机容量×电力需求增长率/12)/(1－损耗率)×传统能源厂商利润空间
	传统能源新增建设完成装机	DELAYFIXED（传统能源建设装机计划，12，0)
	绿证价格变化	(绿证预测购买量－绿证预测销售量)/绿证预测销售量
	绿证签发量	可再生能源发电×100000
	绿证实际交易量	IFTHENELSE（MIN（绿证预测购买量，绿证预测销售量)＜0，0，MIN（绿证预测购买量，绿证预测销售量))
	义务消纳量	(电力需求＋传统能源发电)×非水可再生能源发电量指标配额比例×100000
	可再生能源建设装机计划	(可再生能源装机容量×电力需求增长率/12)/(1－损耗率)×可再生能源厂商利润空间
	可再生能源新增建设完成装机	DELAYFIXED（可再生能源建设装机计划，12，0)
	电力价格变化	(电力需求－电力供给)/电力供给

续表

类　型	变　量	仿　真　方　程
辅助变量	碳价格	IFTHENELSE（SMOOTH3I（碳价格累积效应，3，初始碳价格）＞碳价格上限，碳价格上限，IFTHENELSE（SMOOTH3I（碳价格累积效应，3，初始碳价格）＜碳价格下限，碳价格下限，SMOOTH3I（碳价格累积效应，3，初始碳价格）))
	碳配额预测购买量	IFTHENELSE（超排企业碳配额持有量×（1＋CCER抵消比例)＞碳配额需求，0，（初始碳价格/碳价格）×（碳配额需求－超排企业碳配额持有量))
	碳配额预测销售量	（碳价格/初始碳价格）×（减排企业碳配额持有量－碳配额需求）
	传统能源发电	传统能源装机×传统能源理论平均发电利用小时数
	绿证价格	IFTHENELSE（SMOOTH3I（绿证价格累积效应，3，绿证初始价格）＞绿证价格上限，绿证价格上限，IFTHENELSE（SMOOTH3I（绿证价格累积效应，3，绿证初始价格）＜绿证价格下限，绿证价格下限，SMOOTH3I（绿证价格累积效应，3，绿证初始价格)))
	绿证预测销售量	（绿证价格/绿证初始价格）×（（1－非水可再生能源发电量指标配额比例）×可再生能源发电商绿证持有量）
	绿证预测购买量	IFTHENELSE（可再生能源消纳责任主体绿证持有量＞义务消纳量，0，（绿证初始价格/绿证价格）×（义务消纳量－可再生能源消纳责任主体绿证持有量))
	电力供给	（传统能源发电＋可再生能源发电＋其他能源发电）×（1－网损）
	电力需求	（全社会用电量×电力需求增长率/12）×（电力价格初始值/销售电价）
	传统能源厂商利润空间	（电力价格/电力价格初始值）×（初始碳价格/碳价格）×（绿证初始价格/绿证价格）
	可再生能源厂商利润空间	（电力价格/电力价格初始值）×（绿证价格/绿证初始价格）
	电力价格	IFTHENELSE（SMOOTH3I（电力价格累积效应，3，电力价格初始值）＞电力价格上限，电力价格上限，IFTHENELSE（SMOOTH3I（电力价格累积效应，3，电力价格初始值）＜电力价格下限，电力价格下限，SMOOTH3I（电力价格累积效应，3，电力价格初始值)))
外生变量	碳配额总量	初始碳配额＋INTEG｛配额总量下调比例/12｝
	非水可再生能源发电量指标配额比例	初始配额比例＋INTEG｛配额增长率/12｝

6.3.3 耦合效应实证研究

6.3.3.1 参数设定

列举绿证市场、碳排放权交易市场和电力市场的各类参数变量，后续对变量赋值进行阐述。

1. 绿证市场变量划分

绿证市场的各类参数变量总结见表 6-2。

表 6-2 绿证市场的各类参数变量总结

类　型	变　量
状态变量	绿证价格变化
	发电厂商持有的绿证
	电网持有的绿证
	可再生能源在建装机
	可再生能源装机
速率变量	绿证的超额需求
	颁发给发电厂商的绿证
	被卖给电网的绿证
	上交的绿证
	可再生能源开始建设装机
	可再生能源建设装机完成
辅助变量	预计购买量
	预计销售量
	绿证价格
	投资商认为的可再生能源利润空间
	可再生能源电量
外生变量	电力需求
	配额比例
常量	煤电二氧化碳排放因子
	配额总量变化率

2. 碳排放权交易市场变量划分

碳排放权交易市场的各类参数变量总结见表 6-3。

表 6-3 碳排放权交易市场的各类参数变量总结

类　型	变　量
状态变量	碳价格变化
	买方发电厂商持有的碳
	卖方发电厂商持有的碳
	传统能源在建装机
	传统能源装机

类 型	变 量
速率变量	超额需求
	碳供给
	被卖出的碳
	碳需求
	传统能源开始建设装机
	传统能源建设完成装机
辅助变量	预计购买量
	预计销售量
	碳价格
	火电厂商的利润空间
	传统能源电量
外生变量	碳配额总量
常量	电力需求增长率
	单位 GDP 二氧化碳排放降低率
	GDP 增长率
	电力行业占比

3. 电力市场变量划分

电力市场的各类参数变量总结见表 6-4。

表 6-4 电力市场的各类参数变量总结

类 型	变 量
状态变量	电力价格变化
	可再生能源在建装机（同绿证交易市场）
	可再生能源装机（同绿证交易市场）
	传统能源在建装机（同碳排放权交易市场）
	传统能源装机（同碳排放权交易市场）
速率变量	电力超额需求
	可再生能源开始建设装机（同绿证交易市场）
	可再生能源建设完成装机（同绿证交易市场）
	传统能源开始建设装机（同碳排放权交易市场）
	传统能源建设完成装机（同碳排放权交易市场）
辅助变量	电力价格
	投资商认为的可再生能源利润空间
	可再生能源发电量
	火电厂商的利润空间

类　　型	变　　量
辅助变量	传统能源电量
	电力供给
	实时需求
	销售电价
外生变量	电力需求
常量	网损
	电力需求增长率

6.3.3.2　基于全国数据的实证分析

1. 模型基础参数

考虑到数据的全面性和可得性，选择并搜集 2020 年较为全面的数据，因此所有因子初始变量的赋值均以 2020 年的数据为基础，通过 Vensim 软件进行仿真分析。由于考虑的是可再生能源配额制实施之后产生的影响，我国的配额制将一定规模以下（如 25MW 以下）的小水电、风力发电、光伏发电、地热发电、现代生物能发电（包括沼气发电、稻壳发电和蔗渣发电）、垃圾发电和潮汐能发电等包含在内，但由于小水电目前只起到调峰作用，且垃圾发电和潮汐能发电占比较小，因此只考虑风力发电、光伏发电和生物质能发电，并排除不受可再生能源配额制影响的能源种类，如核电、水电，最终仅考虑煤电和并网绿电。根据国家能源局与中国统计年鉴数据获取截止到 2020 年底的传统能源和可再生能源装机作为初始值，2020 年我国能源装机容量、年发电量和理论平均发电利用小时数见表 6-5。

表 6-5　　　2020 年我国能源装机容量、年发电量和理论平均发电利用小时数

能源类型	可再生能源			传统能源
	风电	太阳能	生物质	火电
装机容量/万 kW	28165	25356	2900	124624
	56421			
年发电量/(亿 kW·h)	4665	2611	1326	52799
	8602			
理论平均发电利用小时数/h	1524.6			4236.7

基于市场供求关系模拟交易产品的价格变化，因此只针对平价绿证价格的初始值赋值，由于绿证的颁发是为了弥补绿电厂商的成本，根据经济学理论和成本定价法，在市场局部均衡的时候价格等于边际成本（P＝MC），因此绿证初始价格为新能源上网电价与煤电上网电价之差，2020 年我国不同能源上网电价见表 6-6。针对碳价格变化的初始值赋值，将全国碳排放权交易市场的首日开盘价 48 元/t 作为碳价格初始值，价格区间为 [10，350] 元/t。根据表 6-6 计算不同发电类型上网电价均值为 0.40 元/(kW·h)，即设定为电力价格的初始值，价格区间为 [0.33，0.75] 元/(kW·h)。

表 6-6　　　　　　　　　　　　　**2020 年我国不同能源上网电价**

发电类型	年发电比例/%	上网电价/[元/(kW·h)]		绿证初始价格/(元/个)
煤电		0.39		40
太阳能发电	30.35	0.41	0.43	
生物质能发电	15.42	0.65		上限：60
风力发电	54.23	0.37		下限：0

由生态环境部和行业分析数据得到 2020 年我国碳排放权交易市场配额总量为 14.3 亿 t，针对配额增长率的赋值，根据 2011—2020 年我国碳排放强度变化趋势，预测碳排放强度增长率为 −7.1%，假设未来十年 GDP 增长率为 4.07%，则 2020—2029 年碳配额增长率为 −1.744%；电力行业是中国碳排放总量最大的单一行业，将其碳排放总量占全国碳排放总量的比重设为 40%；网损即线损率，针对网损的赋值，根据国家电网线损管理标准，在设计中输电综合线损应控制在 3%～5%，配电综合线损应控制在 5%～7%，基层供电低压综合线损应控制在 8%～12%，其中综合线损包含管理线损和技术线损两部分。因此，电力需求增长率赋值为 7%；电网网损为 6.8%；由于各省非水可再生能源电力消纳权重遵循"只升不降"原则，将配额增长率设为 1.5%；设定煤电的二氧化碳排放因子为 0.78kg/(kW·h)。2011—2020 年我国碳排放强度变化趋势如图 6-7 所示。

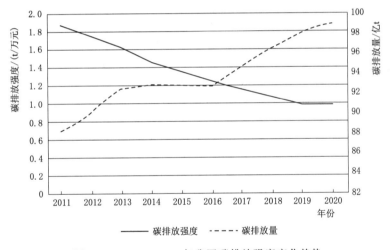

图 6-7　2011—2020 年我国碳排放强度变化趋势

2. 仿真结果分析

建立以 1 个月为计算步长的仿真流图，以 2020 年数据为基础，模拟仿真 2021—2030 年的系统运行效果，分析碳排放权交易市场、绿证市场和电力市场耦合的运行机制。

（1）电源结构分析。在电-碳-绿证市场的相互作用下，2021—2030 年我国不同能源装机和发电量的变化趋势分别如图 6-8、图 6-9 所示，发电量占比如图 6-10 所示。

基于 2020 年火力发电数据，即火力发电量 52799 亿 kW·h，占比 71.80%，预测 2021 年火力发电占比为 70.62%。根据国家统计局公布的数据，2021 年我国火力发电占比高达 70.13%。预测数据与实际数据拟合较好。

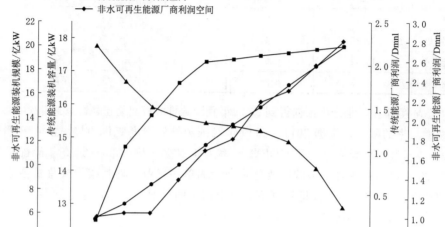

图 6 - 8　2021—2030 年我国不同能源装机变化趋势

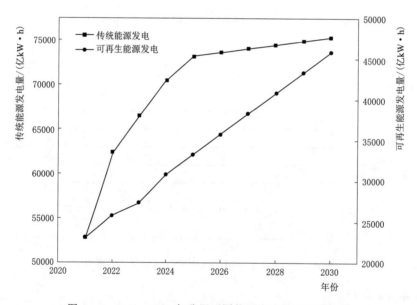

图 6 - 9　2021—2030 年我国不同能源发电量的变化趋势

　　结果表明，在三个市场的交互作用下，可再生能源发电厂商的投资利润增加，并逐渐大于传统能源厂商的利润空间，导致供电主体加大对可再生能源装机的投资，可再生能源装机容量与发电量呈现正比例增长趋势，而传统能源装机容量和发电量增长缓慢。由图 6 - 8 可以看出，传统能源装机和可再生能源装机变化与传统能源厂商利润空间和可再生能源厂商利润空间大小关联密切。根据系统动力学仿真模型，将能源装机计划表示为电力需求与发电厂商利润空间的数学函数，其中，传统能源厂商利润空间表示为电力价格和碳价格的

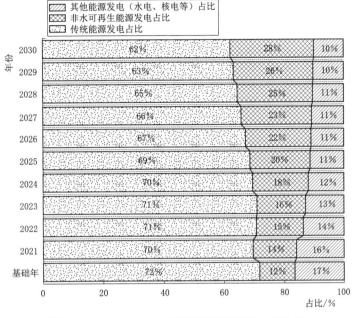

图例：
- 其他能源发电（水电、核电等）占比
- 非水可再生能源发电占比
- 传统能源发电占比

年份	传统能源发电占比	非水可再生能源发电占比	其他能源发电占比
2030	62%	28%	10%
2029	63%	26%	10%
2028	65%	25%	11%
2027	66%	23%	11%
2026	67%	22%	11%
2025	69%	20%	11%
2024	70%	18%	12%
2023	71%	16%	13%
2022	71%	15%	14%
2021	70%	14%	16%
基础年	72%	12%	17%

图 6-10　2021—2030 年我国不同能源发电量占比

数学函数，碳价格计为发电厂商成本，可再生能源厂商利润空间表示为电力价格与绿证价格的数学函数，绿证价格计为发电厂商利润。因此，随着传统能源厂商利润空间逐年降低，传统能源装机增长缓慢，2025 年之后在 17 亿 kW 左右波动；而随着可再生能源厂商利润空间逐年升高，可再生能源装机增长迅速，2025 年前后便超过传统能源装机，之后稳定增长。由图 6-9 可以看出，能源发电表示为能源装机与能源发电利用小时数的数学函数，传统能源发电在未来五年内逐年增加，但 2025 年后稳定在 74000 亿 kW·h 左右，可再生能源发电未来十年稳定上升，2030 年达到 45828 亿 kW·h，占总发电量的37.83%，而传统能源发电比例逐年降低。

（2）电力市场。电力供给为传统能源发电、可再生能源发电与其他能源发电之和，其中，传统能源发电与可再生能源发电占比的预测结果如图 6-9 所示，其他能源发电以2020 年数据为基准进行函数计算；电力需求同样以 2020 年数据为基准进行函数计算。根据系统动力学仿真结果，2021—2026 年，电力需求大于电力供给，2026 年后，电力供给大于电力需求。交易标的物价格与交易标的物初始价格和交易标的物价格累积效应具有条件函数和平滑函数的耦合关系，其中，交易标的物价格累积效应表示为交易标的物供给和交易标的物需求的数学函数，电力供需直接影响电力价格，根据系统动力学仿真结果，电力价格呈先增长后下降的趋势，2025 年后维持在 0.48 元/（kW·h）左右。2021—2030年三市场并行下的交易标的物价格变化趋势如图 6-11 所示。

（3）碳排放权交易市场。2021—2030 年三市场并行下的碳交易一级、二级市场相关参数变化趋势分别如图 6-12、图 6-13 所示，碳配额需求表示为传统能源发电和煤电的二氧化碳换算系数的数学函数，随着传统能源发电增加，碳配额需求也将增加，碳配额供给以 2020 年数据为基准进行函数计算。由图 6-12 可知，碳配额需求大于供给，且两者

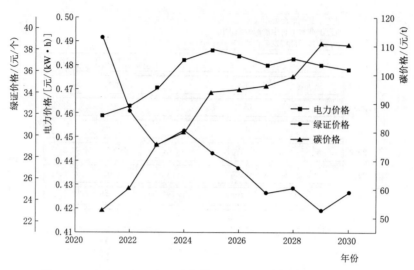

图 6-11　2021—2030 年三市场并行下的交易标的物价格变化趋势

差距越来越大。碳价格与碳配额初始价格和碳价格累积效应具有条件函数和平滑函数的耦合关系，碳价格累积效应表示为碳配额预计购买量和碳配额预计销售量的数学函数，由于碳市场总量控制趋严以及碳配额需求不断提高，导致碳排放权交易市场供不应求，碳排放权交易价格整体呈现上升趋势。二级市场碳配额交易量表示为碳配额预测购买量和碳配额预测销售量的条件函数和逻辑函数的耦合关系，根据图 6-13 的仿真结果，随着碳配额预计购买量和预计销售量的升高，碳配额交易量不断提高，但由于减碳技术的发展以及社会对可再生能源的投资不断升高，碳排放权交易市场后期交易趋于稳定。

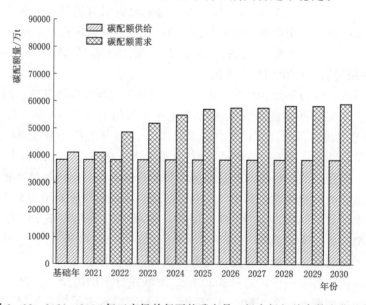

图 6-12　2021—2030 年三市场并行下的碳交易一级市场相关参数变化趋势

第 5 章中由一般均衡模型计算得到我国 2030 年碳价在 80 元/t 的水平，而本节基于系

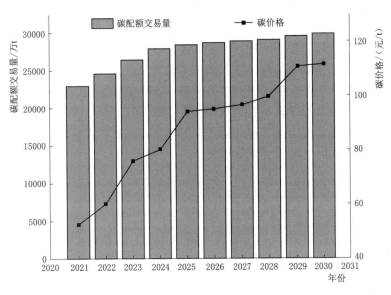

图 6-13　2021—2030 年三市场并行下的碳交易二级市场相关参数变化趋势

统动力学模型得到我国 2030 年碳价格达到 111 元/t。两者不同的原因在于，一般均衡模型计算的是市场达到一般均衡状态下的碳排放权价格，三个情景将碳达峰的峰值作为约束，碳价格与经济主体利益最大化直接相关，而系统动力学考虑了市场供需两侧，碳价格变化是碳配额供给、碳配额需求、供电主体利润等市场各个变量变化共同作用的结果，因而两模型结果不同。

（4）绿证市场。2021—2030 年三市场并行下的绿证市场供需变化、相关参数变化趋势分别如图 6-14、图 6-15 所示，主体义务消纳量表示为电力需求与非水可再生能源发电量指标配额比例的数学函数。由图 6-14 可知电力需求逐年增加，随着电力需求的增加

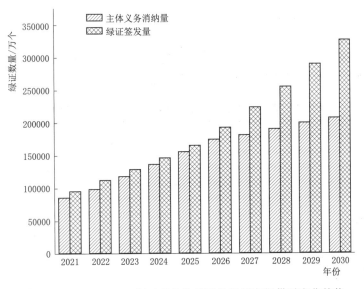

图 6-14　2021—2030 年三市场并行下的绿证市场供需变化趋势

与可再生能源消纳比例的增加，可再生消纳责任主体义务消纳量逐年增加，绿证签发量与可再生能源发电量直接相关，均呈上升趋势，但由图 6-15 可以看出，2021—2030 年间绿证签发量始终大于主体义务消纳量，且差额逐年增加，绿证价格与绿证初始价格和绿证价格累积效应具有条件函数和平滑函数的耦合关系，绿证市场的供给量整体大于需求量，导致绿证价格呈现整体下降，小幅波动趋势。绿证实际交易量表示为绿证预计购买量和绿证预计销售量的条件函数和逻辑函数的耦合关系，随着绿证预计购买量和绿证预计销售量的逐年升高，以及非水可再生能源发电量指标配额比例逐渐增大导致的发电企业对绿证需求与日俱增，绿证的实际交易量会逐年增加。

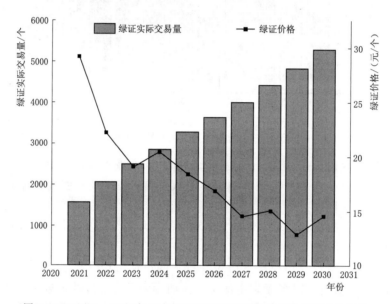

图 6-15　2021—2030 年三市场并行下的绿证市场相关参数变化趋势

6.3.3.3　基于广东省数据的实证分析

1. 模型基础参数

由国家能源局与中国统计年鉴获取广东省截止到 2020 年底的能源数据，2020 年广东省能源装机容量、年发电量和发电利用小时数见表 6-7。

表 6-7　2020 年广东省能源装机容量、年发电量和发电利用小时数

能源类型	可再生能源			传统能源
	风电	太阳能	生物质	火电
装机容量/万 kW	650	500	139	9550
		1289		
年发电量/(亿 kW·h)	123.5	50	69.5	3576
		243		
发电利用小时数/h	1900	1000	5000	3745
		1815		

2020 年广东省不同能源上网电价见表 6-8。煤电价格设定为广东省当前的煤电基准价格 0.453 元/(kW·h)；绿电价格根据各可再生能源发电比例和上网电价进行加权平均，由于地热和海洋能占比很小，暂不考虑。根据全国第四类资源区设定风力发电上网电价为 0.47 元/(kW·h)，太阳能发电上网电价为 0.49 元/(kW·h)，生物质发电上网电价为 0.70 元/(kW·h)。通过表 6-8 对风力发电、太阳能发电和生物质发电的测算，绿电价格为 0.578 元/(kW·h)，则绿证的初始价格为 79 元/个，价格区间为 [0，150] 元/个。根据表 6-8 计算不同发电类型上网电价均值为 0.47 元/(kW·h)，即设定为广东省电力价格的初始值，价格区间为 [0.33，0.75] 元/(kW·h)。

表 6-8   2020 年广东省不同能源上网电价

发电类型	年发电比例/%	上网电价/[元/(kW·h)]		绿证初始价格/(元/个)
煤电		0.453		79
太阳能发电	20.58	0.49		
生物质发电	28.60	0.70	0.53	上限：150
风力发电	50.82	0.47		下限：0

针对碳价（碳排放权交易价格变化）的初始值，由表 6-1 设定碳价的初始价格为 60 元/t。广东碳交易试点行情 K 线走势如图 6-16 所示，由图可知，广东碳价区间为 [7，70] 元/t。因此，在所构建的模型中，设定政府价格下限为 7 元/t，根据欧盟碳交易情况，也为了更全面地看到碳价的波动变化，在模型中设定碳价的价格上限为 150 元/t，即价格区间为 [7，150] 元/t。

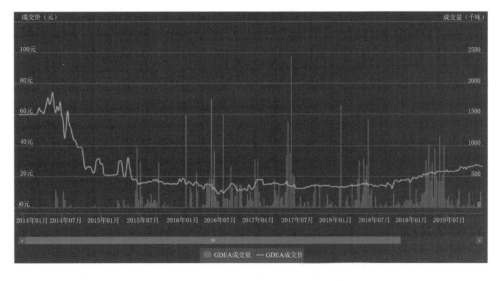

图 6-16   广东碳交易试点行情 K 线走势图

用电大数据显示，2019 年广东省全社会用电量为 6012.13 亿 kW·h，2019 年广东省全社会用电量为 6695.85 亿 kW·h，2020 年广东省全社会用电量为 6926.12 亿 kW·h，因此，根据广东省历年用电需求数据，对电力需求增长率的赋值为 6%。将网损设置为南方电网线损率 5.29%。发电厂商持有的绿证证书数量初始值，为 2019 年绿电发电总量 88 亿 kW·h 所对应的 880 万个证书。由于该系统动力学系统设置按月运行，因此每月拥有的证书数量为 73 万个。其余常量可参考全国数据。

2. **仿真结果分析**

建立以 1 个月为计算步长的仿真流图，以广东省 2020 年数据为基础，模拟仿真 2021—2030 年的系统运行效果，分析广东省的碳市场、绿证市场和电力市场耦合的运行机制。

（1）电源结构分析。在电-碳-绿证市场的相互作用下，2021—2030 年广东省不同能源装机和发电量变化趋势分别如图 6-17、图 6-18 所示。

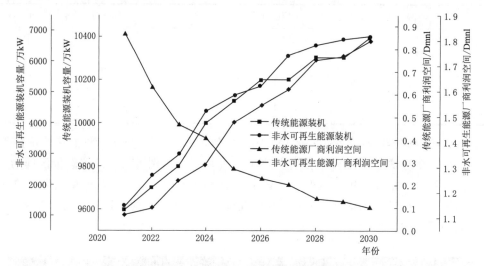

图 6-17　2021—2030 年广东省不同能源装机变化趋势

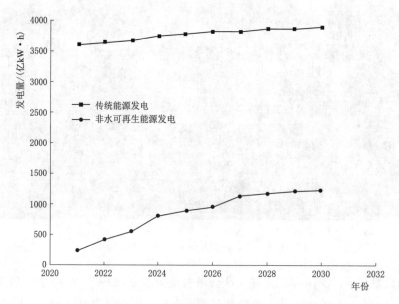

图 6-18　2021—2030 年广东省不同能源发电量的变化趋势

2020 年 7 月，广东省发展改革委发布关于《广东省 2021 年能耗双控工作方案》的通知，文件指出，优化能源结构，大力发展海上风电、光伏发电等可再生能源，积极接收省外清洁电力，安全高效发展核电。由图 6-17 可知，2021 年后可再生能源发电厂商利润空间快速升高，并持续维持高利润，结果表明，在三个市场的交互作用下，可再生能源发电厂商的投资利润增加，并逐渐大于传统能源厂商的利润空间，导致供电主体加大对可再生能源装机的投资，可再生能源装机容量和发电量呈现正比例增长趋势，而传统能源装机容量和发电量增长缓慢。

根据广东省发展改革委等六部门联合印发的《广东省培育新能源战略性新兴产业集群行动计划（2021—2025 年)》可知，到 2025 年，广东省可再生能源装机规模约 1.0250 亿 kW（其中核电装机约 1850 万 kW，气电装机约 4200 万 kW，风电、光伏、生物质发电装机约 4200 万 kW），全省非化石能源消费约占全省能源消费总量的 30%。因此，粗略估计 2025 年广东省传统能源与可再生能源装机之比为 7∶3。由图 6-17 可知，2025 年预测装机容量与规划装机容量误差为 1.13%。

（2）电力市场。2021 年 10 月 12 日，我国全面进入"管住中间，放开两头"的时代，取消工商业目录电价，居民与农业外的用电侧全部进入市场。根据系统动力学的演示结果，受市场供需关系影响的电价有上升趋势，2021—2025 年，电力需求大于电力供给，2026 年后，电力供给大于电力需求，导致电力价格呈现增长趋势，维持在 0.53 元/(kW·h) 左右。2021—2030 年广东省三市场并行下的交易标的物价格变化趋势如图 6-19 所示。

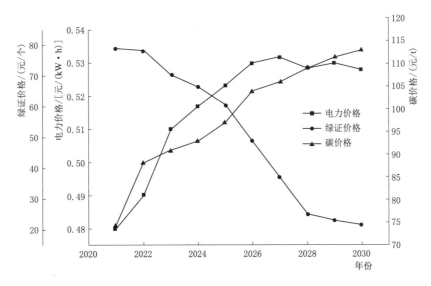

图 6-19　2021—2030 年广东省三市场并行下的交易标的物价格变化趋势

（3）碳排放权交易市场。广东省自 2011 年开展碳排放权交易试点以来，基准碳排放权交易价格处于相对较低位为 40 元/t，即购买碳排放权的成本（即治理成本）小于自身采取节能措施或者投资可再生能源发电的成本，因此传统能源发电厂商还是更愿意投资甚至加大投资煤电而接受惩罚，并没有足够大的压力投资可再生能源。随着全国碳交易市场总量控制趋严，碳价将进一步走强。2021—2030 年广东省三市场并行下的碳交易二级市场相关参数变化趋势如图 6-20 所示，2021 年后，由于广东省碳交易市场总量控制趋严以及碳配额需求不断提高,导致碳交易二级市场供不应求,碳排放权交易价格整体呈现上升趋势,2030 年将达到 113 元/t。市场碳配额交易量也不断提高,2028 年达到最高值 4461.97 万 t。

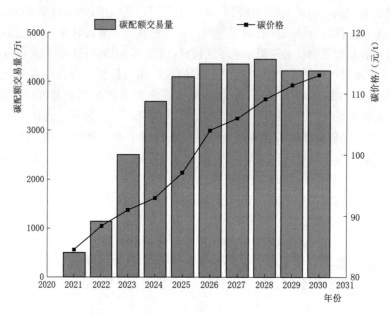

图 6-20 2021—2030 年广东省三市场并行下的碳交易二级
市场相关参数变化趋势

(4) 绿证市场。2021—2030 年广东省三市场并行下的绿证市场供需变化、相关参数变化趋势分别如图 6-21、图 6-22 所示,可以看出,绿证签发量和可再生能源消纳责任主体义务消纳量呈现逐年上升趋势,2028 年前,绿证市场的供给量整体大于需求量,之

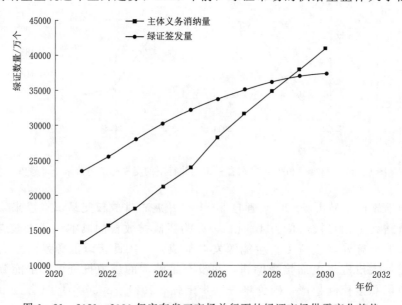

图 6-21 2021—2030 年广东省三市场并行下的绿证市场供需变化趋势

后需求量大于供给量，绿证价格呈现先下降、后平稳的趋势，2028 年将降至 24.93 元/个。随着非水可再生能源发电量指标配额比例逐渐增大，发电企业对绿证的需求也与日俱增，广东省绿证的实际交易量将于 2029 年达到峰值，即 5608 个。

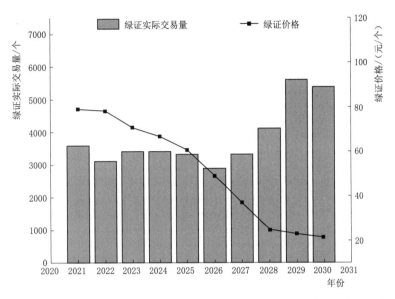

图 6-22　2021—2030 年广东省三市场并行下的绿证市场相关参数变化趋势

6.4　本　章　小　结

本章研究绿证市场、碳排放权交易市场与电力市场交互作用机理。为了完成政府规定的可再生能源消纳责任，可再生能源厂商和可再生能源消纳责任主体之间需要进行超额消纳量或绿证交易。作为供给者的可再生能源厂商与作为需求者的可再生能源消纳主体，根据绿证基准价格以及可再生能源配额比例等参数确定期望的绿证购买量和销售量，然后在市场上进行交易。绿证的供给和需求会对市场价格产生影响，波动的价格会反过来影响下一次交易中绿证的期望供需。碳排放权交易制度规定火电厂商生产活动产生的碳排放不得超过限定的排放总量，对于免费排放配额之外的碳排放，卖方火电厂商和买方火电厂商之间需要进行碳排放权交易。作为供给者的火电厂商与作为需求者的火电厂商，根据碳排放权基准价格、祖父原则核定的碳排放权配额、减排技术对碳排放处理后的碳排放权配额节约量和超排企业超排量等参数确定期望的碳排放权购买量和销售量，然后在市场上进行交易。碳排放权的供给和需求不平衡会对市场价格产生影响，波动的价格会反过来影响下一次交易中碳排放权的期望供需。

绿证市场机制和碳排放权交易市场机制共同作用于电力市场。对已经构建的全国和广东省的绿证、碳排放权与电力交互市场系统动力学模型中的参数设定方程式以及赋予初始值，然后运行 Vinsim 软件中的相关程序进行模拟仿真，得到在绿证交易制度和碳排放权交易制度的双重作用下，未来十年交互市场上相关参数和变量的变化趋势。

研究结果表明：绿证市场、碳排放权交易市场和电力市场由可再生能源厂商和火电厂商实现联通，通过绿证价格、碳排放权价格、电力价格以及众多的内生和外生变量相互影响。在绿证和碳排放权交易市场有效运行的前提下，可再生能源厂商与可再生能源消纳主体之间交易绿证，以及火电厂商之间交易碳排放权，一方面可以激励投资者加大可再生能源建设计划，另一方面能够抑制火电厂商发电量的生产，中国电力结构得到优化。同时，可再生能源发电量比例的提升和火电发电量比例的下降会减少二氧化碳的排放，有效促进国家碳减排目标的实现。

第 7 章

总 结 及 建 议

7.1 总　　结

当绿证交易和碳排放权交易在市场中同时存在时，会对电力市场中的电源结构、电力价格产生影响，能够有效促进国家节能减排目标的实现。本书从电力交易、可再生能源配额交易以及碳排放权交易协同机制等方面开展研究，其研究结论总结如下：

（1）开展了绿证交易市场机制及碳排放权交易市场机制研究。研究了绿证交易市场机制及碳排放权交易市场机制的发展现状与基础理论，分析了可再生能源配额制实施情况下绿证市场的交易主体、交易过程和运作流程，以及碳排放权交易市场的市场主体、交易对象、交易价格、交易方式、交易监管等内容，明确了绿证市场和碳排放权交易市场的基本运行机理。

（2）开展了考虑绿证交易、碳排放权交易的一般均衡模型研究。首先，设定不同碳减排政策情景下，若要实现碳排放早达峰，相应的碳减排政策也就越严格，对应可能对经济造成的一定的负面影响。其次，碳减排政策能够在一定程度上优化中间部门产业结构，在市场机制下，碳减排政策对各个产业部门占总产出的比例不同，对高耗能产业部门的影响较大，而对服务业、高科技产业等部门造成的影响较小，因此碳减排政策在一定程度上能够实现对产业结构的优化调整。最后，碳减排政策能够在一定程度上优化能源结构，从模拟结果可以看出，碳减排政策力度越大，对高碳能源的影响也就越大，对于可再生能源部门，不仅没有产生负面影响，而且基于能源要素的替代效应，其产出反而增加。

（3）开展了绿证市场、碳市场与电力市场的交互作用机理与实证研究。建立了绿证和碳交易同时存在的电力市场均衡模型，通过绿证市场、电力市场和碳市场的交互作用机理建立三市场耦合的系统动力学模型。并基于广东省 2019 年数据对三大市场耦合的系统动力学模型进行参数设定和变量赋值，通过 Vensim 软件进行了模拟仿真。研究表明：绿证市场仍受供求关系影响，导致绿证价格呈现先下降后平稳趋势；电源装机变化趋势预测基本吻合《广东省培育新能源战略性新兴产业集群行动计划（2021—2025 年）》规划，可再生能源电量增速经历逐渐增大过程；电力价格和发电厂商利润空间均符合基本经济学认知。

基于以上研究结论，提供以下政策建议：

第一，调整产业结构。我国目前正处于供给侧结构性改革的关键时期，应充分利用各类政策条件，加快产业体制机制创新，加大产业的科技投入，增加产品附加值，降低高耗能产业的比例，对传统工业进行升级，把低碳发展纳入产业政策，探索能耗低、效益好的绿色发展路径。同时，通过绿证市场交易实现资源的优化配置，以后逐年扩大可再生能源电力的占比，明确可再生能源保障性收购的责任主体，并建立监管及考核机制。

第二，加快技术进步。碳减排政策的实施能够减小我国面临的碳减排压力，但同时也会造成产出的下降，因此，必须加快技术进步，发展战略性新兴产业，提高产业部门的能源效率，促进经济又好又快发展。同时，配合支持排放数据报送、征求意见、模拟测试、培训、系统开户等工作。

第三，发展可再生能源技术是我国能源结构调整的核心路径，技术可靠性和发电稳定性是难点。面对可再生能源发电的间歇性问题，建议推动"源网荷储"一体化建议，提升电网消纳能力。同时，加强电网基础设施投资，提升跨省输电能力。

第四，多途径促进可再生能源消纳。地方政府制定绿色电价保证制度，促进售电端等竞争性环节的电价，有序放开输配以外的竞争性环节电价，在进一步完善政企分开、厂网分开、主辅分开的基础上，按照"管住中间、放开两头"的体制构架，有序向社会资本放开配售电业务，有序放开公益性和调节性以外的发用电计划，为配额制的建立和实施创造条件。同时，电力市场化改革有激发市场活力，促进可再生能源消纳，建议加快全国统一电力市场建设。

第五，配合推进全国碳市场建设。全国碳市场建设需以制度完善为核心，技术创新为支撑、市场活力为驱动，通过多维度政策协同，逐步构建覆盖广泛、价格有效、监管严格的碳市场体系，推动碳市场与电力市场联动，整合试点省市经验，逐步完善全国统一大市场。对接国际碳市场规则，深化国际合作。

7.2 电–碳–绿证市场协同顶层机制

当前我国电力市场、碳市场与绿证市场均处于逐步推进、逐步完善的阶段，其发展目标都是破除市场壁垒，提高资源配置效率，构建全国统一的市场体系。电力市场发现价格信号，引导不同类型可再生能源合理有序发展，并为扩大消纳空间寻求最经济的手段；绿证市场将电力市场未能体现的绿色电力清洁价值通过价格机制体现，实现绿色电力消纳责任权重市场化流转；碳排放权交易市场通过总量控制、碳价格机制形成具有约束和激励作用的市场体系，推动温室气体减排。因此，应推动电力市场、碳市场、绿证市场协同发力，以市场信号调动全社会节能减碳的内生动力，实现电力清洁、可靠和经济三个目标的最佳协调。

建立一般均衡模型和系统动力学模型分析电–碳–绿证市场的协同机制，得到以下结论：

第一，碳排放权交易和绿证交易的实行可以有效地控制二氧化碳排放总量的增加速度，对能源总量的消耗也有一定的抑制作用，但是如果过快加速碳减排目标和碳减排总量，可能会增加社会总体成本，对经济产生一定影响。

第二，随着碳交易价格提升，传统发电企业排放二氧化碳所付出的成本会直接提高，二氧化碳排放量控制的效果增强，而可再生能源企业将会实现成本进一步降低，近期内可能提升电力价格水平。

第三，碳市场总量目标设置越严格，且可再生能源消纳责任要求越高，将会促进可再生能源消纳，导致碳价提升，传统能源发电企业成本显著增加，可再生能源快速发展，但是短期制定较为严格的目标要求将会提升终端用电成本。

应统筹考虑三个市场的顶层设计，政策制定要促进三个市场有机融合、协同发展。近期，电力市场、碳市场与绿证市场暂可独立运行，但需要强化政策协同、机制完善。要加强新能源参与电力市场的顶层设计，建立健全适应新能源特性的电力市场交易机制，建立符合新能源运行特点的电力市场交易体系，推动构建以新能源为主体的新型电力系统。全国碳市场要科学设定碳排放权交易配额总量并合理分配，发挥实质作用，释放碳价信号。中远期，碳市场建设要助力电力行业上下游低碳化发展，进而降低全社会的碳减排成本，各市场建设设定统一目标，以"3060碳达峰碳中和"及能源可持续发展为目标，充分发挥市场在资源配置中的决定性作用，推动市场有机融合、协同发展。构建统一开放、竞争有序的电–碳–绿证市场体系，深度融合原有电力市场、碳市场和绿证市场的要素，形成协调推进、合作共赢的发展格局。

对于未来碳市场、电力市场、绿证市场的有机融合和顶层设计，重点从以下几点进行考虑：

（1）做好电力市场、碳市场、绿证市场与其他相关市场机制、政策工具有效衔接与协同。电力市场、碳市场与绿证市场的协同发展，必须放在我国统一的能源、气候治理、环境框架体系下完整、系统地考虑，形成目标清晰、路径明确的顶层设计和发展时间表、路线图。电力市场、碳市场与绿证市场除自身协同（比如可再生能源电力消纳保障机制和绿证交易制度）外，还需与生态环境领域原有的排污权交易制度及用能权交易制度等有效衔接、协同发展。在不同的历史条件下，这些市场机制、政策工具之间既有内在联系、相互交叉，又各具特色、相对独立，其发展历程、经验教训、共性趋势都可供借鉴参考，要坚持系统观念，充分发挥这些市场化机制的优势互补作用。做好各类市场之间的深度融合和合理衔接，对于发挥价格信号引导作用、充分发挥市场资源配置作用、提升能源利用效率、科学高效实现碳达峰碳中和目标至关重要。

要科学构建绿证市场与碳市场的协同机制。绿证市场与碳市场均是实现可再生能源环境正外部性内在化的有效途径，独立运行的两个市场会产生环境成本重复计量问题。因此，绿证市场与碳市场的协同有利于降低电力消费者的履约成本，促进绿色电力消费。要做好绿证信息中心和电力交易中心间绿证交易、配额指标完成、可再生能源补贴信息的互通共享。形成碳排放统计核算体系，并打通绿证、国家核证自愿减排量和碳减排之间的壁垒，实现绿色电力消费和碳减排数据统一科学管理。一方面，应建立绿证与碳排放权的抵消机制，避免电力消费者承担双重环境成本；另一方面，应协调绿证市场与国家核证自愿减排量市场的准入机制，避免可再生能源发电厂商获得双重收益。

（2）完善可再生能源配额制，助力全国统一能源市场建设。可再生能源配额制及与其互补的绿证交易能降低可再生能源交易成本，科学合理的可再生能源配额制不仅要适应我国电力市场化改革进程及可再生能源发电产业发展水平，还要契合我国践行碳达峰碳中和目标及建设高标准能源市场体系新发展格局的内在要求。

一是系统优化配额制设计。要自上而下构建配额制的框架体系，调整和重组电力市场各项法律法规，为建立全国统一能源市场营造科学完善的制度环境。同时，需从配额制的制度参数、绿证的市场参数着手，优化设计，在提高配额制绩效水平的基础上，进一步提升电力市场与绿证市场的运行效率。二是建立健全配额制保障机制。优化可再生能源电力消纳保障机制，科学设计配额主体的责任权重，强化制度约束，提升配额制的绩效水平，建立监督机制和惩罚机制，促进配额主体履行义务，激励其参与绿证交易。三是合理解决"证电合一"和"证电分离"问题。由于国际上大多采取证电分离的做法，即将新能源产生的绿证进行认证，由新能源业主卖给需要购买绿证的电力用户，因此，购买绿证的企业，并不直接消费对应的绿电，而是买到了消费绿电的凭证。而绿电交易的特点在于，证随电走、证电合一。我国绿电交易市场实现了交易电量的"证电合一"。证电关系需要结合我国实际情况合理选择。

（3）兼顾市场效率与经济公平，妥善处理好东西部区域协调发展关系。电力市场、碳市场与绿证市场的协同发展是一项复杂的系统工程，核心难点之一在于关键制度要素设计如何与我国东西部不同区域发展程度、资源禀赋的差异性特征相协调，从而实现效率与公平的有机统一。比如，我国东西部省区资源禀赋条件、发用电情况、经济发展水平及电价承受能力等差异较大，电力市场化建设必须兼顾市场效率与经济公平，妥善处理好东西部利益调整、分配问题。

（4）探索金融机构参与电力市场与碳市场交易，完善绿色金融产品和市场体系。我国电力市场建设仍处于探索阶段，基本构建了"电力中长期交易＋现货市场"模式，电力金融期货市场暂未形成。碳市场以现货交易为主，金融属性未予明确，金融化程度不高，金融体系的价格发现、风险管理功能在二级碳市场中没有发挥。而欧盟、美国等碳市场在建设之初就赋予金融属性，一开始就是现货、期货一体化市场。在实施有效金融监管的前提下，未来可探索开发丰富的"电-碳-绿证"金融产品体系，提供"电-碳-绿证"金融期货、期权等衍生品交易，为交易各方提供避险工具，并向市场提供资产管理与咨询服务，满足市场参与主体的多样化需求，增强市场活力。

7.3　建　　议

对于未来相关政策的制定，可以得到如下启示：

（1）从预期的政策目标出发，权衡不同的碳市场、绿证市场、电力市场设计方案，考量各个方案对于碳减排成本、碳价、电力价格和发电结构等的影响，提前明确我国碳市场、电力市场的走向，可以从中期基准或者总量上限等角度进行总体目标设计，为市场主体提供合理的预期和规划方面的确定性，引导发电企业在技术和管理模式上的创新，加速向碳达峰碳中和目标转型。

（2）旨在完善碳市场与其他政策和相关部门政策的协调机制，事前评估好不同政策的交互作用，避免政策之间的冲突造成负面影响，定期进行政策效果评估。可以在政策侧设计中引入配额储备机制或者价格上下限等灵活性机制，帮助碳市场应对其他外部政策。

（3）考虑在"十四五"期间将拍卖制度逐步引入碳市场，鼓励成本更低、更加多元的碳减排机制，在鼓励传统能源发电机组能效提升、CCUS 等技术发展的同时，鼓励可再生能源 CCER 机制的进一步推广。在"十五五"期间逐步进行总量控制的策略并设定排放总量上限，进一步强化支撑碳达峰、碳中和目标，减少对可再生能源的激励政策，降低减排成本。

（4）加快推进碳市场覆盖其他高耗能行业，并进一步构建碳金融市场。逐步扩大碳市场行业覆盖范围，可以通过纳入更多的减排空间，建立覆盖多行业的综合碳价，增强碳市场的流动性，进一步发现碳价价值，广泛支撑碳中和目标实现。

参 考 文 献

［1］ 中国电力企业联合会. 2009 年全国电力工业统计快报［N］. 2009.

［2］ Hahn R W, Noll R G. Environmental markets in the year 2000［J］. Journal of Risk and Uncertainty, 1990, 3 (4): 351 – 367.

［3］ Bjoern, Carlen. Market Power in International Carbon Emissions Trading: A Laboratory Test［J］. Energy Journal, 2003.

［4］ Gunasekera. Australia's emissions trading system in perspective prepared on globalclimate change ［J］. Massachusetts Institute of Technology, 2008 (5): 12 – 14.

［5］ Muller R A. Emissions trading without a quantity constraint［J］. Department of Economics Working Papers, 1999.

［6］ Dewees D N. Emissions trading: ERCs or allowances?［J］. Land Economics, 2001, 77 (4): 513 – 526.

［7］ Fischer C. Rebating environmental policy revenues: Output – based allocations and tradable performance standards［M］. Washington: Resources for the Future, 2001.

［8］ Fischer C, Parry I W H, Pizer W A. Instrument choice for environmental protection when technological innovation is endogenous［J］. Journal of Environmental Economics and Management, 2003, 45 (3): 523 – 545.

［9］ Cason T N. An experimental investigation of the seller incentives of EPA's emission trading auction ［J］. The American Economic Review, 1995, 85 (4): 905 – 922.

［10］ Cason T N, Plott C R. EPA's new emissions trading mechanism: A laboratory evaluation［J］. Journal of Environmental Economics and Management, 1996, 30 (2): 133 – 160.

［11］ Dudek D J, Wiener J B. Joint implementation, transcation costs, and Climate Change［J］. 1996.

［12］ Misiolek W S, Elder H W. Exclusionary manipulation of markets for pollution rights［J］. Journal of Environmental Economics and Management, 1989, 16 (2): 156 – 166.

［13］ Maloney M T, Yandle B. Estimation of the cost of air pollution control regulation［J］. Journal of Environmental Economics and Management, 1984, 11 (3): 244 – 263.

［14］ Tietenberg T. Environmental and Natural Resources［J］. Economies, 1988.

［15］ HaoranPanda, Regemorterb. The costs of the global and regional greenhouse gas emissions［J］. Structural Change and Economic Dynamics, 2004 (7): 23 – 25.

［16］ Alexeeva – Talebi V, Anger N, Löschel A. Alleviating adverse implications of EU climate policy on competitiveness: the case for border tax adjustments or the clean development mechanism?［J］. Reforming Rules and Regulations: Laws, Institutions, and Implementation. Cambridge, MA: The MIT Press, 2010.

［17］ Böhringer C, Rosendahl K E. Strategic partitioning of emission allowances under the EU Emission Trading Scheme［J］. Resource and Energy Economics, 2009, 31 (3): 182 – 197.

［18］ Davis. Dominant in the green gas emission trading［J］. Energy Policy, 1993, (36): 46 – 137.

［19］ Hahn, Robert W. Market power and transferable property rights［J］. The Quarterly Journal of Economics, 1984, 99 (4): 753 – 765.

［20］ Misolek. Market power and transferable property rights the quarterly［J］. Journal of Economics,

1999 (4)：76 – 77.

[21]　Klemperer. Auction of carbon [J]．The Journal of Environment，1999 (18)：28 – 31.

[22]　Cramton. How and why to auction not grandfather [J]．Energy Policy，2002 (3)：34.

[23]　Goulder，Fullerton. Allocation of emission allowances in the EU emission trading system [J]．Resources for the Future，2001 (7)：78 – 79.

[24]　孙良．论我国碳排放权交易制度的建构 [D]．北京：中国政法大学，2009.

[25]　朴英爱．低碳经济与碳排放权交易制度 [J]．吉林大学社会科学学报，2010 (3)：153 – 158.

[26]　杨晓庆．基于低碳经济发展模式下的碳排放权交易制度研究 [D]．大连：东北财经大学，2010.

[27]　李超超．中国碳排放权交易制度研究 [D]．重庆：西南政法大学，2011.

[28]　谭志雄．中国森林碳汇交易市场构建研究 [J]．管理现代化，2012 (2)：6 – 8.

[29]　陈晓红．欧盟碳排放交易价格机制的实证研究 [J]．科技进步与对策，2010 (19)：21 – 23.

[30]　廖志高，许京怡，简克蓉．碳排放权价格评估方法及实证研究 [J]．生态经济，2022，38 (12)：39 – 47.

[31]　赵娜．碳排放权交易定价问题研究 [D]．北京：中央民族大学，2011.

[32]　张建．我国运输行业碳排放权交易流程与定价研究 [D]．北京：北京交通大学，2011.

[33]　赵平飞．欧盟碳排放交易价格机制的实证研究 [D]．成都：成都理工大学，2011.

[34]　徐国卫，徐琛．基于期限结构理论的碳排放权定价研究 [J]．经济师，2012 (3)：61 – 62，64.

[35]　鲁炜，崔丽琴．可交易排污权初始分配模式研究 [J]．中国环境管理，2003 (5)：23 – 25.

[36]　安丽，赵国杰．排污权交易评价指标体系的构建及评价方法研究 [J]．中国人口·资源与环境，2008，18 (1)：89 – 93.

[37]　张红亮．碳排放权初始分配方法比较 [J]．环境保护与循环经济，2009，29 (12)：16 – 18.

[38]　傅强，李涛．我国建立碳排放权交易市场的国际借鉴及路径选择 [J]．中国科技论坛，2010 (9)：106 – 111.

[39]　郑玮．碳排放权初始分配方式设定的探究 [J]．科技与产业，2011，11 (10)：66 – 69.

[40]　何梦舒．我国碳排放权初始分配研究—基于金融工程的视角分析 [J]．管理世界，2011 (11)：172 – 173.

[41]　李凯杰，曲如晓．碳排放配额初始分配的经济效应及启示 [J]．国际经济合作，2012 (3)：21 – 24.

[42]　王白羽．可再生能源配额制 (RPS) 在中国应用探讨 [J]．中国能源，2004，26 (4)：24 – 28.

[43]　Verbruggen A. Tradable green certificates in Flanders (Belgium) [J]．Energy Policy，2004，32 (2)：165 – 176.

[44]　Fristrup P. Some challenges related to introducing tradable green certificates [J]．Energy Policy，2003，31 (1)：15 – 19.

[45]　Verbruggen A. Tradable green certificates in Flanders (Belgium) [J]．Energy Policy，2004，32 (2)：165 – 176.

[46]　Nielsen L，Jeppesen T. Tradable Green Certificates in selected European countries—overview and assessment [J]．Energy Policy，2003，31 (1)：3 – 14.

[47]　Söderholm P. The political economy of international green certificate markets [J]．Energy Policy，2008，36 (6)：2051 – 2062.

[48]　Verhaegen K，Meeus L，Belmans R. Towards an international tradable green certificate system—the challenging example of Belgium [J]．Renewable and Sustainable Energy Reviews，2009，13 (1)：208 – 215.

[49]　Lemming J. Financial risks for green electricity investors and producers in a tradable green certificate market [J]．Energy Policy，2003，31 (1)：21 – 32.

[50]　Amundsen E S，Baldursson F M，Mortensen J B. Price Volatility and Banking in Green Certificate

Markets [J]. Environmental and Resource Economics, 2006, 35 (4): 259 – 287.

[51] Ford A, Vogstad K, Flynn H. Simulating price patterns for tradable green certificates to promote electricity generation from wind [J]. Energy Policy, 2005, 35 (6): 91 – 111.

[52] Agnolucci P. Economics and market prospects of portable fuel cells [J]. International Journal of Hydrogen Energy, 2007, 32 (17): 4319 – 4328.

[53] Tamas M M, Bade Shrestha S O, Zhou H Z. Feed-in tariff and tradable green certificate in oligopoly [J]. Energy Policy, 2010, 38 (8): 4040 – 4047.

[54] Aune F R, Dalen H M, Hagem C. Implementing the EU renewable target through green certificate markets [J]. Energy Economics, 2012, 34 (4): 992 – 1000.

[55] Bergek A, Jacobsson S. Are tradable green certificates a cost—efficient policy driving technical change or a rent-generating machine? Lessons from Sweden 2003—2008 [J]. Energy Policy, 2010, 38 (3): 1255 – 1271.

[56] Marchenko O V. Modeling of a green certificate market [J]. Renewable Energy, 2008, 33 (8): 1953 – 1958.

[57] Aune F R, Dalen H M, Hagem C. Implementing the EU renewable target through green certificate markets [J]. Energy Economics, 2012, 34 (4): 992 – 1000.

[58] 姜南. 可再生能源配额制研究 [D]. 济南: 山东大学, 2007.

[59] 李家才, 陈工. 国际经验与中国可再生能源配额制 (RPS) 设计 [J]. 太平洋学报, 2008 (10): 44 – 51.

[60] 朱海. 论可再生能源配额制在我国的推行 [D]. 上海: 上海交通大学, 2008.

[61] 董力通. 电力市场下我国实行可再生能源配额制的研究 [D]. 北京: 华北电力大学 (北京), 2006.

[62] 秦玠衡, 杨谡. 绿色证书交易机制对可再生能源发展的积极作用分析 [J]. 金融经济, 2009 (6): 93 – 94.

[63] 沈彧. CDM 及 TGC 机制在我国可再生能源项目中的应用研究 [D]. 上海: 上海交通大学, 2008.

[64] 李博. 上海绿色证书交易机制设计 [D]. 上海: 上海交通大学, 2009.

[65] Newcomer A, Blumsack S A, Apt J, et al. Short run effects of a price on carbon dioxide emissions from U. S. electric generators [J]. Environmental Science & Technology, 2008, 42 (9): 3139 – 3144.

[66] Reinaud J. Emissions trading and its possible impacts on investment decisions in the power sector [J]. Oil, Gas & Energy Law, 2004, 2 (1).

[67] 刘国中, 文福拴, 薛禹胜. 温室气体排放权交易对发电公司最优报价策略的影响 [J]. 电力系统自动化, 2009, 33 (19): 15 – 20.

[68] Delarue E, D'haeseleer W. Greenhouse gas emission reduction by means of fuel switching in electricity generation: addressing the potentials [J]. Energy Conversion and Management, 2008, 49 (4): 843 – 853.

[69] Laurikka H. Emissions trading and business. The impact of climate policy on heat and power capacity investment decisions [J]. Physica—Verlag HD, 2006: 133 – 149.

[70] Laurikka H, Koljonen T. Emissions trading and investment decisions in the power sector—a case study in Finland [J]. Energy Policy, 2006, 34 (9): 1063 – 1074.

[71] 刘国中, 文福拴, 薛禹胜. 计及温室气体排放限制政策不确定性的发电投资决策 [J]. 电力系统自动化, 2009, 33 (18): 17 – 22, 32.

[72] 刘国中, 文福拴, 董朝阳. 市场环境及 CO_2 排放政策变化下的发电投资决策 [J]. 华南理工大学学报 (自然科学版), 2010, 38 (3): 101 – 108.

[73] 吉兴全, 文福拴, 薛禹胜. 排污权交易实施后的发电投资项目价值评价方法 [J]. 电力系统自动

化，2010，34（4）：23 - 28.

[74] Hoffmann V H. EU - ETS and investment decisions：the case of the German electricity industry [J]. European Management Journal，2007，25（6）：465 - 474.

[75] Nilsson M，Sundqvist T. Using the market at a cost：How the introduction of green certificates in Sweden led to market inefficiencies [J]. Utilities Policy，2007，15（1）：49 - 59.

[76] Lemming J. Financial risks for green electricity investors and producers in a tradable green certificate market [J]. Energy Policy，2003，31（1）：21 - 32.

[77] Colcelli V. The problem of the legal nature of Green Certificates in the Italian legal system [J]. Energy Policy，2012，40：301 - 306.

[78] Michaels R J. Renewable Portfolio Standards：Still No Good Reasons [J]. The Electricity Journal，2008，21（8）：18 - 31.

[79] Tsao C C，Campbell J E，Chen Y. When renewable portfolio standards meet cap-and-trade regulations in the electricity sector：Market interactions，profits implications，and policy redundancy [J]. Energy Policy，2011，39（7）：3966 - 3974.

[80] Verhaegen K，Meeus L，Belmans R. Towards an international tradable green certificate system—The challenging example of Belgium [J]. Renewable and Sustainable Energy Reviews，2009，13（1）：208 - 215.

[81] Bird L，Chapman C，Logan J，et al. Evaluating renewable portfolio standards and carbon cap scenarios in the U. S. electric sector [J]. Energy Policy，2011，39（5）：2573 - 2585.

[82] Knutsson D，Werner S，Ahlgren E O. Combined heat and power in the Swedish district heating sector—impact of green certificates and CO_2 trading on new investments [J]. Energy Policy，2006，34（18）：3942 - 3952.

[83] Unger T，Ahlgren E O. Impacts of a common green certificate market on electricity and CO_2-emission markets in the Nordic countries [J]. Energy Policy，2005，33（16）：2152 - 2163.

[84] Amundsen E S，Mortensen J B. The Danish Green Certificate System：some simple analytical results [J]. Energy Economics，2001，23（5）：489 - 509.

[85] Morthorst P E. Interactions of a tradable green certificate market with a tradable permits market [J]. Energy Policy，2001，29（5）：345 - 353.

[86] Morthorst P E. A green certificate market combined with a liberalised powermarket [J]. Energy Policy，2003，31（13）：1393 - 1402.

[87] Jensen S J，Skytte K. Simultaneous attainment of energy goals by means of green certificates and emission permits [J]. Energy Policy，2003，31（1）：63 - 71.

[88] 蔡文彬. 基于 CGE 模型的节能政策研究 [D]. 长沙：湖南大学，2007.

[89] Xie J，Saltzman S. Environmental policy analysis：an environmental computable general-equilibrium approach for developing countries [J]. Journal of Policy Modeling，2000，22（4）：453 - 489.

[90] Burniaux J M，Nicoletti G，Oliveira-Martins J. Green：A Global Model for Quantifying the Costs of Policies to Curb CO_2 Emissions [J]. OECD Economic Studies，1992：49 - 49.

[91] Babiker M H. Climate Change Policy，Market Structure and Carbon Leakage [J]. Journal of International Economics，2005，65（2）：421 - 445.

[92] Kemfert C，Welsch H. Energy-Capital-Labor Substitution and the Economic Effects of CO_2 Abatement：Evidence for Germany [J]. Journal of Policy Modeling，2000，22（6）：641 - 660.

[93] Dissou Y，Mac Leod C，Souissi M. Compliance Costs to the Kyoto Protocol and Market Structure in Canada：A Dynamic General Equilibrium Analysis [J]. Journal of Policy Modeling，2002，24（7/8）：751 - 779.

［94］ Wissema W'Dellink R. AGE Analysis of the impact of a carbon energy tax on the Irish economy [J]. Ecological Economics，2006，61（4）：671 - 683.

［95］ Galinato G I，Yoder J K. An integrated tax-subsidy policy for carbon emission reduction [J]. Resource and Energy Economics，2010，32（3）：310 - 326.

［96］ 万敏. 碳税与碳交易政策对电力行业影响的实证分析——基于 CGE 模型 [D]. 南昌：江西财经大学，2012.

［97］ 鲍芳艳. 征税碳税的可行性分析 [J]. 时代经贸，2008，6（15）：58 - 59.

［98］ 谭显东. 电力可计算一般均衡模型的构建及应用研究 [D]. 北京：华北电力大学（北京），2008.

［99］ 贺菊煌，沈可挺，徐嵩龄. 碳税与二氧化碳减排的 CGE 模型 [J]. 数量经济技术经济研究，2002（10）：39 - 47.

［100］ 林伯强，牟敦国. 能源价格对宏观经济的影响——基于可计算一般均衡（CGE）的分析 [J]. 经济研究，2008，43（11）：88 - 101.

［101］ 马士国. 征收硫税对中国二氧化硫排放和能源消费的影响 [J]. 中国工业经济，2008（2）：20 - 30.

［102］ 朱永彬，王铮. 碳关税对我国经济影响评价 [J]. 中国软科学，2010（12）：36 - 43，49.

［103］ 朱永彬，刘晓，王铮. 碳税政策的减排效果及其对我国经济的影响分析 [J]. 中国软科学，2010（4）：1 - 9，87.

［104］ 杨岚，毛显强，刘琴，等. 基于 CGE 模型的能源税政策影响分析 [J]. 中国人口·资源与环境，2009，19（2）：24 - 29.

［105］ 袁永娜，石敏俊，李娜，等. 碳排放许可的强度分配标准与中国区域经济协调发展——基于 30 省区 CGE 模型的分析 [J]. 气候变化研究进展，2012，8（1）：60 - 67.

［106］ 陈志峰. 我国可再生能源绿证交易基础权利探析 [J]. 郑州大学学报（哲学社会科学版），2018，51（3）：43 - 47.

［107］ 蒋桂武. 可再生能源配额交易制与经济绩效 [D]. 北京：华北电力大学（北京），2017.